Introducción a la Metafísica Tomista V

Introducción a la Metafísica Tomista V

El ente en movimiento

Miguel Grosso

ÍNDICE

1. LA FILOSOFÍA DE LA NATURALEZA

La Filosofía de la Naturaleza, también conocida como Filosofía Natural, es una disciplina que se sumerge en las profundidades de la realidad para comprender la esencia y el comportamiento de los seres naturales.

Su origen se remonta a los primeros filósofos que se aventuraron a explorar la generación, la corrupción y el movimiento perceptible por los sentidos.[1][2][3]

Definición de naturaleza

Aristóteles sostiene que la existencia de los seres naturales, o simplemente la naturaleza misma, no necesita ser demostrada; su existencia es evidente. Observamos a nuestro alrededor a los animales, las plantas y los elementos, y reconocemos que son ejemplos de seres naturales. Esta evidencia nos lleva a comprender que la naturaleza es una realidad que no requiere justificación adicional. En el contexto de la física, la naturaleza se considera del orden de los postulados, lo que significa que es un principio fundamental que se acepta como verdadero sin necesidad de pruebas adicionales.

La definición aristotélica de **naturaleza** es la siguiente:

Porque la naturaleza es un principio y causa del movimiento o del reposo en la cosa a la que pertenece primariamente y por sí misma, no por accidente.[4]

a)**Principio de movimiento**. En primer lugar, la naturaleza se define como un principio de movimiento. En su origen, la palabra "naturaleza" podría haberse referido al movimiento en sí mismo, pero con el tiempo, se aplicó para describir el principio que subyace al movimiento. Esto implica que la naturaleza está intrínsecamente ligada al concepto de cambio y movimiento en el mundo.

b)**Principio interno**. En segundo lugar, la naturaleza se distingue del arte. Cuando consideramos objetos fabricados por el arte humano, como una cama o una capa, reconocemos que no tienen una actividad propia que emane de su forma. En otras palabras, la cama de madera, por sí sola, no tiene la capacidad de producir más camas. En contraste, la naturaleza es un principio interno específico que guía las actividades de los seres que ella constituye. Esto significa que los seres naturales tienen una especie de autonomía en su desarrollo y funcionamiento, que no se limita a la influencia de una mente o un diseñador externo.

c)**Eliminación de la causalidad accidental**. La definición de la naturaleza también tiene como objetivo eliminar la causalidad accidental. Esto significa que cuando ocurre algo en virtud de la naturaleza, no es un accidente fortuito, sino que es intrínseco y esencial para ese ser. Por ejemplo, si un médico se cura a sí mismo, esto se considera un acto accidental, ya que su capacidad para curarse a sí mismo no es una propiedad esencial de su naturaleza, sino el resultado de circunstancias específicas.

Origen de la Filosofía de la Naturaleza

La Filosofía de la Naturaleza tuvo sus inicios en el momento en que los primeros pensadores comenzaron a cuestionarse el funcionamiento de las cosas en el mundo natural. Se centraron en entender cómo nacen y perecen los objetos y en cómo se mueven según la percepción sensorial. Este enfoque en la naturaleza, que abarca tanto lo que es susceptible de movimiento como el propio movimiento, llevó a estos filósofos a ser conocidos como "filósofos naturales".

Para comprender mejor este término, debemos explorar dos conceptos clave: *quod* y *quo*. El primero, *quod*, se refiere al objeto formal de una ciencia en cuanto a "lo que es" o "aquello que" es estudiado por esa ciencia. En otras palabras, se centra en la naturaleza o la esencia del objeto de estudio. Por otro lado, "quo" se refiere al objeto formal de una ciencia en cuanto a "aquello mediante lo cual" o "a través de lo cual" se estudia el objeto. Se relaciona con los métodos, enfoques o herramientas utilizadas para estudiar el objeto de estudio de la ciencia.

Siguiendo esta distinción, el objeto material de la Filosofía de la Naturaleza son todos los cuerpos naturales que son sensibles, es decir, aquellos sujetos al movimiento. El objeto formal *quod* de esta disciplina es el ser móvil, es decir, el ser natural. Aquí, el ser móvil se entiende como un ser dotado de movimiento sensible y sucesivo o movimiento físico, como el movimiento de los astros o el desplazamiento de una persona caminando.

Es importante destacar que el objeto formal *quod* de la Filosofía de la Naturaleza no es simplemente un cuerpo, sino el ser móvil en sí mismo, que actúa como la fuente primaria del movimiento. Aunque un ser móvil es un cuerpo, su constitución formal es diferente de un cuerpo en sí mismo. Mientras que el cuerpo se define en relación con la divisibilidad y la cantidad, el ser móvil se define en relación con el movimiento sucesivo y continuo.

Este objeto formal *quod* no se limita a ser un cuerpo; también abarca la inmaterialidad que resulta de la abstracción de toda materia singular, aunque no de la materia sensible. En otras palabras, se enfoca en la esencia del objeto de estudio.

La Relación entre la Física Moderna y la Filosofía de la Naturaleza

La Física Moderna y la Filosofía de la Naturaleza son dos disciplinas que abordan el estudio de la naturaleza, pero lo hacen desde perspectivas diferentes. La Física Moderna, en un sentido amplio, incluye todas las ciencias experimentales, mientras que la Filosofía de la Naturaleza se enfoca en la comprensión filosófica de los principios subyacentes a la naturaleza.

La Física Moderna se distingue de la Filosofía de la Naturaleza por su objeto formal *quod*. Mientras que la Física se centra en el ser medible, la Filosofía de la Naturaleza se sumerge en el ser móvil. El objeto formal *quod* de la Física es el ser medible, como el calor medido por un termómetro. En contraste, el objeto formal *quod* de la Filosofía de la Naturaleza es el ser móvil, que es una esencia que actúa como la primera fuente o principio del movimiento, ya sea sustancial o accidental.

La Física Moderna utiliza el arte, como se refleja en la realización de experimentos científicos y el uso de instrumentos artísticos, para alcanzar su objeto. Se basa en la observación y la experimentación para establecer leyes y teorías que expresan relaciones algebraicas entre diferentes medidas variables.

En contraste, la Filosofía de la Naturaleza abstrae su objeto de estudio de la experiencia directa y lo examina en relación con sus propios principios. Esta disciplina es demostrativa y una ciencia en el sentido estricto, ya que se basa en la demostración a posteriori para establecer sus principios y deduce propiedades del ser móvil mediante demostraciones propias.

Aunque la Filosofía de la Naturaleza y la Física son disciplinas distintas en lo que respecta a su objeto formal, comparten el mismo objeto material: los cuerpos naturales. Por lo tanto, ninguna de las dos disciplinas es suficiente por sí sola para proporcionar un conocimiento completo de los cuerpos naturales, y ambas son necesarias para comprender plenamente la naturaleza.

La Filosofía de la Naturaleza no depende formalmente de la Física ni de sus experimentos para formular sus principios o realizar sus demostraciones. Establece sus propios principios a partir del movimiento, que es una realidad que se experimenta en la vida cotidiana. A partir de estos principios, deduce todas las propiedades del ser móvil mediante demostraciones filosóficas.

Sin embargo, la Filosofía de la Naturaleza ejerce una función de sabiduría en relación con la Física. Reflexiona sobre los principios, el método y las teorías de la ciencia experimental y compara sus conclusiones con las afirmaciones de la Física. Esto permite una comprensión más completa de ambas disciplinas. Es importante destacar que esta comprensión puede ser temporal, ya que las teorías científicas están sujetas a cambios.

Principios constitutivos de los cuerpos en la Filosofía Natural

1-**Ciencia e Investigación de Causas.** La ciencia tiene como uno de sus principales objetivos la investigación de las causas de las cosas. Esto se relaciona con el principio filosófico conocido como *cognitio rei per causam*, que significa "conocimiento de la cosa a través de sus causas". En otras palabras, para comprender plenamente algo, es esencial conocer sus causas fundamentales.

2-**Cosmología y Primeros Principios Internos.** Una de las principales tareas de la cosmología es investigar los "primeros principios internos de los cuerpos que constituyen el mundo". Estos "primeros principios internos" se refieren a los elementos fundamentales o las sustancias básicas que componen la realidad física.

3-**Contraste con la Filosofía Contemporánea.** La filosofía contemporánea, a pesar de su pretensión de explorar todas las áreas del conocimiento, rara vez se ocupa de este problema crucial: investigar la naturaleza esencial y los componentes de las sustancias materiales que nos rodean. En otras palabras, la filosofía moderna tiende a centrarse en otros temas, como la relación entre Dios y el hombre, pero a menudo descuida la investigación profunda de los fundamentos de la realidad física.

4-**Superficialidad y Falta de Profundidad.** Esta falta de interés en la cosmología y en la investigación de las causas internas de las cosas revela una superficialidad y una insuficiencia en la filosofía contemporánea. En lugar de adentrarse en la comprensión de la estructura más fundamental de la realidad, se centra en preocupaciones diferentes y más abstractas.

Sistemas principales acerca de los principios constitutivos de los cuerpos

Sistema Atomístico

Este sistema, que tiene sus raíces en la antigüedad con pensadores como Leucipo, Demócrito y Epicuro, propone que los cuerpos están compuestos por corpúsculos diminutos, también conocidos como átomos. Estos átomos poseen diferentes características en términos de figura, extensión y movimiento. En la antigüedad, se creía que los átomos eran eternos y que formaban el mundo mediante movimientos y colisiones aleatorias. En tiempos modernos, figuras como Descartes, Gassendi y Newton revivieron este sistema, aunque con algunas variaciones. Por ejemplo, Descartes sostenía que los átomos tenían solo tres formas geométricas, mientras que Gassendi argumentaba que podían tener innumerables formas. Newton, por su parte, consideraba que los átomos podían tener diversas formas y características como magnitud, dureza, impenetrabilidad y movilidad.

La crítica a la teoría atomística se basa en tres puntos:

1-Se argumenta que esta teoría es insuficiente, ya que debe explicar por qué los primeros principios o elementos de los cuerpos deben ser cuerpos en lugar de algo distinto. No proporciona una razón clara para la naturaleza de los átomos ni por qué los átomos individuales son substancias distintas.

2-Si los átomos son substancias homogéneas y de la misma esencia, entonces las substancias resultantes de su combinación solo se diferenciarán accidentalmente, lo que llevaría a la conclusión de que un animal y una mesa, por ejemplo, solo se distinguen accidentalmente y no son substancias distintas esencialmente.

3-Si los átomos son substancias distintas en especie y esencia, se plantea la pregunta de por qué el átomo A se diferencia esencialmente o en especie del átomo B. En este caso, la teoría atomística tampoco ofrece una explicación satisfactoria de la diversidad de los átomos.

Sistema Dinámico

Este sistema, defendido por pensadores como Leibnitz y Kant, sostiene que los principios de los cuerpos son substancias simples, inextensas e indivisibles, dotadas de ciertas fuerzas esenciales. Cada defensor de este sistema ofrece su propia explicación de estas fuerzas esenciales. Por ejemplo, Boscovich argumenta que los cuerpos están formados por elementos finitos pero simples e inextensos que están dotados de fuerzas atractivas y repulsivas. Estas fuerzas les permiten acercarse sin tocarse, creando espacios vacíos entre ellos.

Se argumenta que el dinamismo plantea mayores problemas y absurdos que la teoría atomística. En este sistema, los diferentes cuerpos naturales se componen de substancias simples que son inextensas, lo que borra la distinción esencial y primitiva entre la substancia material y la espiritual. Además, al considerar que las substancias simples son inextensas, se vuelve inexplicable cómo estas pueden formar la extensión física de los cuerpos. Esto plantea la dificultad de cómo muchos puntos matemáticos pueden dar lugar a un sólido, lo que parece contradictorio. Incluso la idea de espacios vacíos, propuesta por Boscovich, no resuelve completamente este problema, ya que se debe formar una extensión física real a partir de seres inextensos unidos a la nada, lo que resulta problemático.

Sistema Atomístico-Dinámico

Este sistema busca reconciliar los sistemas atomístico y dinámico. Reconoce la existencia de cuerpos simples con una simplicidad relativa, ya que pueden dividirse en partes similares y homogéneas. Estos cuerpos simples son los átomos o elementos primarios de los cuerpos, y las diferencias entre los cuerpos surgen de la combinación y mezcla variable de estos cuerpos simples. Además, estos cuerpos simples tienen fuerzas de cohesión y afinidad que los mantienen unidos y los llevan a formar diferentes cuerpos en la naturaleza.

Se argumenta que este sistema es inadmisible porque no aborda adecuadamente la cuestión central de la diversidad de los cuerpos. A pesar de explicar la constitución y diferencias de los cuerpos compuestos, no proporciona una razón suficiente para la naturaleza propia y las diferencias entre los átomos. En otras palabras, no explica por qué un átomo A es una substancia material distinta de un átomo B.

Sistema Aristotélico-Escolástico

Este sistema se basa en la filosofía aristotélica y escolástica. Propone que los cuerpos experimentan mutaciones sustanciales, lo que significa que pueden cambiar de una substancia a otra. En este sistema, se introduce el concepto de "materia prima", que es una realidad substancial e incompleta que tiene la capacidad de recibir todas las formas substanciales. La "forma substancial" es el principio determinante y actuante que da a la materia su naturaleza específica. Este sistema sostiene que la materia prima y la forma substancial, al unirse, crean una substancia completa y única.

Las principales razones para respaldar esta teoría:

1-Unidad de la teoría. La teoría aristotélico-escolástica es más sólida y probable porque todos sus defensores la entienden y exponen de la misma manera. En contraste, otros sistemas como el atomismo y el dinamismo tienen múltiples interpretaciones y enfoques por parte de sus partidarios, lo que hace que sean menos coherentes y menos probables.

2-Salvaguardia de la condición fundamental de los primeros principios. La teoría aristotélico-escolástica se considera más adecuada porque cumple con la condición esencial de que los primeros principios de los cuerpos no deben ser cuerpos completos y formados, sino más bien principios substanciales del cuerpo. La materia prima y la forma substancial se consideran realidades corpóreas, aunque no son cuerpos completos.

3-Apoyo empírico y científico. Se argumenta que esta teoría es respaldada por la experiencia y la observación científica. Se señala que las substancias materiales son una mezcla de potencialidad y actualidad, de perfección e imperfección, de pasividad y actividad. La materia prima se considera pura potencia, mientras que la forma substancial es acto y actualidad primaria. Esto proporciona una explicación coherente para las propiedades y atributos observados en los cuerpos.

4-Explicación de la unidad y diversidad específica de las substancias materiales. La teoría aristotélico-escolástica se considera superior porque proporciona una razón suficiente para la unidad y diversidad específica de las substancias materiales. Reconoce que diferentes substancias materiales tienen formas substanciales distintas, lo que justifica su diversidad esencial. En contraste, el atomismo y el dinamismo no pueden explicar adecuadamente esta diversidad.

5-Distinción esencial entre substancias espirituales y materiales. Finalmente, se argumenta que la teoría aristotélico-escolástica es la única que puede mantener una distinción esencial entre las substancias espirituales y materiales. Mientras que otros sistemas tienden a borrar esta línea de separación, la teoría aristotélico-escolástica sostiene que la substancia espiritual es una forma simple y subsistente en sí misma, mientras que la substancia material implica una composición de materia y forma.

División de la Filosofía de la Naturaleza

La Filosofía de la Naturaleza se divide en dos partes fundamentales, según la clasificación de Aristóteles: la Filosofía General de la Naturaleza y la Filosofía Especial de la Naturaleza.

1-**Filosofía General de la Naturaleza**: Esta parte se ocupa del ser espaciotemporal en general, es decir, del ser móvil como tal. Aristóteles desarrolló esta parte en sus ocho libros de la obra *Física*. Aborda cuestiones generales sobre la naturaleza y el movimiento, estableciendo principios que son fundamentales para comprender la realidad natural en su totalidad.

2-Filosofía Especial de la Naturaleza: Esta rama se subdivide en tres partes, cada una centrada en un tipo específico de movimiento:

2.1-Movimiento Local: Se refiere al movimiento de los objetos en el espacio y se explora en los libros *De Caelo* y *De Mundo*.

2.2-Movimiento de Generación y Corrupción: Se centra en el origen y la desaparición de los seres naturales y se aborda en los libros *De Generatione et Corruptione*.

2.3-Movimiento de Aumento Propio de los Seres Vivos: Esta parte se enfoca en el crecimiento y desarrollo de los seres vivos y se trata en los libros *De Anima*.

Filósofos posteriores adoptaron una división moderna de la Filosofía de la Naturaleza, que incluye la Cosmología y la Psicología. La Cosmología se centra en el ser móvil en general, mientras que la Psicología aborda el ser dotado de movimiento vital.

La filosofía de la naturaleza (o filosofía natural) tiene como objeto, el ser en el primer y segundo grado de abstracción, es decir, el mundo corpóreo en sí mismo y el mundo viviente en sí mismo. La primera parte se llama cosmología, la segunda psicología.[5]

La Filosofía de la Naturaleza es una disciplina que explora los fundamentos de la realidad natural y se divide en varias ramas para abordar cuestiones específicas relacionadas con el movimiento, el espacio y el tiempo. A pesar de las diferencias con la Física Moderna, ambas disciplinas son esenciales para comprender plenamente el mundo que nos rodea.

Filosofía de la Naturaleza y Ciencias positivas

Es muy importante distinguir la filosofía de la naturaleza de las ciencias; su diferencia esencial se expresará de manera adecuada diciendo que las ciencias tienen como objeto el ser móvil y sensible en cuanto móvil y sensible (es decir, en cuanto puede ser observado a través de los sentidos y medido), mientras que la filosofía tiene como objeto el ser móvil y sensible en cuanto ser (es decir, los principios primordiales por los cuales el ser móvil y sensible es inteligible como tal). De hecho, es propio de la filosofía juzgar y definir todo desde el punto de vista del ser, mientras que la ciencia juzga y define desde el punto de vista de las realidades accesibles a la observación sensible (directa o mediante instrumentos) y a la medida.[6]

La ciencia se enfoca en investigar la naturaleza de los cuerpos, ya sea en química o física. En química, se estudian los elementos constituyentes de los cuerpos y se identifican los cuerpos químicamente simples. En física, se analizan los fenómenos que manifiestan la energía física. La ciencia busca expresar estas investigaciones utilizando fórmulas métricas y estableciendo relaciones entre los fenómenos observables.

Sin embargo, la ciencia no se preocupa por las esencias en sí mismas ni por los principios primarios de los cuerpos. Aquí es donde entra la Filosofía de la naturaleza. La filosofía va más allá de la ciencia y se pregunta sobre lo que está necesariamente implícito en cada enunciado relacionado con los fenómenos del mundo material. Por ejemplo, cuestiona qué define a un cuerpo como tal (sus características de extensión, cualidades, divisibilidad, unidad, etc.), cuál es la verdadera naturaleza de la materia que compone un cuerpo y cómo la materia, que en su esencia parece indeterminada, se convierte en una materia definida con propiedades específicas.

Estas preguntas filosóficas trascienden el ámbito de lo sensible y, por lo tanto, escapan completamente a la ciencia positiva, que se centra en lo que puede ser observado y medido. En cambio, la Filosofía de la naturaleza se ocupa del ser mismo que se manifiesta a través de las propiedades sensibles, observables y medibles que la ciencia considera.

A pesar de esta distinción, existe una estrecha relación entre la Filosofía de la naturaleza y la ciencia. La filosofía de la naturaleza depende materialmente de las ciencias, ya que estas le proporcionan parte de los datos y materiales que utiliza para sus investigaciones. Sin embargo, esta dependencia es material y no formal, ya que la filosofía interpreta y da sentido a los datos científicos desde su perspectiva filosófica, considerando no solo lo observable, sino también lo que subyace a nivel esencial.

Filosofía de la Naturaleza y Metafísica

En la época contemporánea, especialmente desde la influencia de Kant, se ha tendido a reducir la filosofía de la naturaleza a la metafísica. En otras palabras, se ha tratado de integrar la filosofía de la naturaleza dentro del ámbito de la metafísica.

Ya sabemos que la metafísica se ocupa del estudio del ser en su grado más alto de abstracción. Esto significa que la metafísica se concentra en la naturaleza del ser considerado de manera independiente de cualquier otra característica o determinación, es decir, se enfoca en el "ser como ser". Es una disciplina que busca comprender la esencia más fundamental y abstracta de la realidad.

En contraste, la filosofía de la naturaleza se caracteriza por operar en un nivel de abstracción inferior. Se concentra en el estudio del ser en relación con características específicas como la cantidad, la extensión, el movimiento local y la sensibilidad. En lugar de abordar el ser en su máxima abstracción, se enfoca en el ser tal como se manifiesta en el mundo natural y en sus aspectos concretos.

Dado que la filosofía de la naturaleza y la metafísica tienen objetivos y niveles de abstracción diferentes, es necesario mantener una distinción esencial entre estas dos disciplinas. En otras palabras, no se deben confundir ni reducir una a la otra, ya que tienen enfoques y objetos de estudio distintos.

A pesar de la diferencia, existen ambas. Esto se debe a que los primeros grados de abstracción del ser inteligible, explorados por la filosofía de la naturaleza, proporcionan la base sobre la cual la metafísica puede fundamentar sus investigaciones. En otras palabras, la filosofía de la naturaleza contribuye con conocimientos concretos que pueden enriquecer y servir como punto de partida para las reflexiones más abstractas de la metafísica.[7]

2. LA REALIDAD DEL CAMBIO

Tanto para Aristóteles como para Santo Tomás, el punto de partida de todo filosofar está en la realidad sensible, efectivamente dada.

Como ya vimos en *Introducción a la Metafísica Tomista III*, el problema del ser y el devenir recibía, en la Grecia clásica, soluciones diferentes. Distinguimos, en tal sentido, dos corrientes extremas que, a pesar de ser diametralmente opuestas, llegaban ambas al mismo resultado final: el monismo. Ante ellas, Aristóteles ensayó su propia respuesta, que aún perdura.

1-Heráclito de Éfeso (hacia 544-484 A.C.) era el jefe de una de estas corrientes. Su principio fundamental: todo es movimiento. Para él no hay más que movimiento, devenir, acontecer, mutación. El ser no es. Nada permanece. *Nadie se baña dos veces en el mismo río. Todo fluye*, repetía.

Hay movimiento, le contesta Aristóteles; hay un devenir, un acontecer, hay mutaciones; pero también hay el ser, también existe lo permanente, lo inmutable, es decir, el actus, el ser real. La negación de todo ser permanente y determinado negaría el devenir mismo, porque un devenir sin un deveniente -portador permanente-, una mutación sin algo permanente, que pase de una manera de ser a otra, ni siquiera pueden imaginarse. Si todo es únicamente devenir, nada es, puesto que todo es únicamente devenir, y si nada es, todo es lo mismo, lo verdadero y lo falso, el ser y el no ser, el devenir y el no devenir. También se negaría el principio de contradicción, que es el primero y supremo en el orden científico.[8]

2-La segunda corriente es la Escuela eleática, cuyos cultores fueron, entre otros, Jenófanes, Parménides, Melissus y Zenón. Parménides (hacia 540-470 A.C.) fue el más destacado. Junto con Zenón, llevaron esta doctrina hasta el extremo, argumentando hábilmente. En contra de lo que afirmaba Heráclito, para ellos no hay más que lo actual: el ser absolutamente permanente, ningún devenir, ninguna mutación, ni accidental ni sustancial -a saber: generación y corrupción-, ninguna multiplicidad de las cosas; únicamente una sola manera de ser: monismo. El ser es. El no ser no es. Lo que pase de esto es ficción. El movimiento es aparente. El cambio, una ilusión.

*Célebre es el argumento principal: nada deviene, porque, si así fuera, tendría que nacer de nada o de algo; de nada, no deviene nada; lo que deviene de algo, no deviene, porque ya era. A esto contesta Aristóteles: entre la nada y el ser real hay un tercer término: el ser potencial. De aquí la solución de la objeción: lo que nace no deviene de algo actual, sino de algo potencial, de tal manera que lo que solamente era real-posible se hace real-efectivo.*9

Aristóteles incluye en esta clase de monistas eleáticos, a los filósofos anteriores. Estos, como lo hicieron Anaxágoras, Empédocles y los atomistas, sostenían la existencia de ciertas sustancias primitivas, permanentes e inmutables, a las que negaban toda mutación sustancial. Aceptaban sólo una unión accidental de estas sustancias primitivas, de la cual sólo podía resultar un "ser de otro modo", pero nunca "otro ser".

La visión del mundo de los heraclitianos y de los eleatas era una visión, cada uno a su manera, negativa del ser. Para los primeros, el ser no es. Imposible que sea, atento el permanente devenir de la realidad. Para los segundos, el ser es y nada lo inmuta ni mueve. Imposible explicar así el devenir de las cosas. Ambos niegan el movimiento real: unos porque lo absolutizan hasta negar el ser (con lo que niegan el movimiento sin hacerlo; pues el movimiento **es**) y los otros porque, directamente, lo consideran un fantasma ilusorio.

Sería de gran interés seguir a Aristóteles en la crítica notablemente precisa y concisa que hace de las doctrinas anteriores, del eleatismo en particular el cual, al afirmar la inmovilidad del ser suprimía prácticamente el problema de los principios o del infinitismo de Anaxágoras. Fue, efectivamente, por este trabajo previo de información y de confrontación por el que el pensamiento personal del Estagirita maduró.[10]

Aristóteles elaborará una doctrina clara, realista moderada, firmemente anclada en una visión positiva del ser: el movimiento es en la realidad. Y las cosas son. Ni el devenir es permanente ni no hay devenir. Ni el ser no es ni es una inmutabilidad imperturbable. **El ser es y se mueve**.

3. EL CAMBIO

Es en la Filosofía de la Naturaleza donde Aristóteles estudia todo lo relacionado al cambio y al movimiento. Es imprescindible tener bien claros estos conceptos para avanzar al capítulo estrictamente metafísico.

Para Aristóteles los objetos de la Física se refieren a aquellas cosas cuyo ser depende de la materia y no puede definirse sin ella; los de la Matemática a aquellas cosas que no pueden existir sino en la materia sensible aunque su definición no entra en ella y, finalmente, los de la Metafísica a aquellas cosas que no dependen de la materia ni según el ser ni según la definición. [11]

Aristóteles distingue dos tipos de cambio:

1-El cambio **sustancial**
2-El cambio **accidental**

El cambio sustancial supone una modificación fundamental de una sustancia. En este caso, distinguimos dos supuestos: el de la generación y el de la corrupción de la sustancia *(generatio et corruptio)*. En este tipo de cambio no hay movimiento.

No hay movimiento con respecto a la sustancia, porque no hay nada que sea contrario a la sustancia de las cosas. [12]

El cambio accidental es el movimiento propiamente dicho. No afecta a la sustancia sino a sus accidentes. Existen tres tipos de cambios accidentales:

1-**Cuantitativo**. Afecta a la cantidad. En este caso, estudiamos el crecimiento y la disminución.

> 2-**Cualitativo**. Afecta a las cualidades de la sustancia. En este caso estudiamos la alteración.
> 3-**Locativo**. Es el cambio de lugar de la sustancia. En este caso estudiamos la traslación.

En su obra *Física* Capítulo VIII, Aristóteles distingue, desde otra perspectiva, entre cambio propio y cambio accidental. Nos dice que **todo lo que cambia,** lo hace propiamente o accidentalmente. Es decir: cualquier cambio puede ser:

> -**Propio o *per se***. Es el cambio natural
>
> -**Accidental o *per accidens***. También llamado artificial, forzado, contra la naturaleza o violento.

En el caso del reposo, se puede hacer la misma distinción.

Aristóteles tiene una firme convicción en la existencia del movimiento. Para él, es evidente. No es una apariencia como lo era para Parménides o Heráclito. Por eso llama al universo *el conjunto de las cosas que se mueven.*

Recapitulando: el cambio es

> -**Considerando al ente que afecta**: sustancial o accidental
>
> -**Considerando cómo sea producido**: natural o artificial

El **cambio sustancial** supone la modificación radical de una sustancia. Un ente deja de ser lo que era y pasa a ser otro ente. Las dos formas propias de este cambio son: la generación y la corrupción.

(Generación es) *la mutación sustancial que desemboca en la constitución de una nueva sustancia.* [13]

Generación. Cambio que lleva a la producción de una sustancia. [14]

De modo que la generación supone el nacimiento o el surgimiento de una nueva sustancia.

Corrupción. Cambio por el cual es destruida una sustancia (...) Toda corrupción se acompaña necesariamente de una generación. [15]

La corrupción supone la muerte, desaparición o destrucción de una sustancia. Vgr la germinación de una semilla, importa la desaparición de la misma y el surgimiento de una nueva planta.

El **cambio accidental o movimiento** supone la modificación de algún accidente de la sustancia, la sustitución de una forma accidental por otra. Este tipo de cambio puede ser: local, cuantitativo o cualitativo.

1-**Cambio local**. Importa la traslación de una sustancia de un lugar a otro. Esto puede producirse de forma natural (Vgr el movimiento de las aguas del mar) o de forma artificial (Vgr traslado un mueble de un sitio a otro de mi habitación).

El movimiento local (desplazamiento) es el primer tipo de movimiento y la condición para que se den los demás. Es común a todos los cuerpos naturales y es más perfecto que los otros. [16]

2-**Cambio cuantitativo**. Consiste en el aumento o disminución de una cantidad en una sustancia. También puede ser natural (aumento de peso en una persona) o artificial (ese mismo aumento de peso pero ocasionado por exceso de ropa o abrigo).

Así como para la alteración se requiere el movimiento local, también se requiere para el aumento. Pues lo que aumenta o decrece necesariamente varía en magnitud local; lo que aumenta, ocupa un lugar mayor y lo que decrece uno menor. De donde se sigue que el movimiento local es naturalmente anterior al aumento en cantidad.[17]

3-**Cambio cualitativo**. Consiste en sustituir una cualidad de la sustancia por otra. También puede ser natural (mis cabellos se tornan canos por el paso de los años) o artificial (esos mismos cabellos se tornan negros porque me los teñí).

Alteración. Designa en física el cambio de orden cualitativo. Ejemplo: una variación de calor.[18]

Todo cambio supone pasar del no-ser al ser y viceversa.

En todo este desarrollo, nos hemos referido y continuaremos haciéndolo, a los entes corpóreos. Sólo en ellos puede darse cambio sustancial y cambio accidental. En los entes espirituales, sólo puede darse cambio accidental.

En el cambio accidental, el sustrato permanece. Cambian los accidentes, la sustancia no cambia. No cabe hablar de generación o de corrupción. El cuerpo (sustancia) queda a pesar de los cambios.

En el cambio sustancial, es la misma sustancia la que se afecta mediante la generación o la corrupción. Pero siempre permanece la materia, que es la que recibirá una nueva forma.

En síntesis:

Los cambios se distinguen en:

1-**Generación y corrupción** (según la categoría de la sustancia)

2-**Alteración** (de acuerdo con la categoría de calidad)

3-**Aumento y disminución** (según la categoría de cantidad)

4-**Traslación** (según la categoría del lugar)

Al comienzo del Libro V de la *Física*, Aristóteles introduce una nueva clasificación. Dirá que lo que cambia lo hace de tres maneras:

-Accidentalmente o *per accidens*

-Parcialmente o *per partem*

-Por sí mismo o *per se primum*

En el siguiente texto explica la división anterior. Obsérvese que deja diluir la diferencia entre cambio (para la sustancia) y movimiento (para el accidente) que explicamos anteriormente.

*Todo lo que cambia lo hace: a) por accidente **(per accidens)**, como cuando decimos de un músico que camina, porque a quien camina le pertenece accidentalmente el ser músico; o b)***(per partem)** *cuando se dice que una cosa cambia simplemente porque cambia algo que le pertenece, como cuando decimos que algo cambia en alguna de sus partes (por ejemplo, cuando decimos que el cuerpo se cura porque se cura el ojo o el pecho, que son partes suyas); o c)***(per se primum)** *si no es movido por accidente ni por el movimiento de algo que le pertenezca, sino que se mueve primariamente por sí, lo cual es propio de lo que es movimiento por sí, diferente en cada movimiento, como en el caso de lo alterable, y dentro de lo alterable, de lo curable y lo calentable.*[19]

E, igualmente, en orden al movimiento, a lo que mueve y lo que es movido Aristóteles distingue:

-Mueve por accidente

-Mueve en parte originariamente y en parte por accidente

> -Mueve originariamente

Las mismas distinciones se pueden hacer en el moviente, ya que puede mover algo a)por accidente, o b)según una parte (porque mueva algo que le pertenezca), o c)puede hacerlo primariamente por sí (por ejemplo, es el médico quien cura, aunque lo que golpee sea la mano) [20]

Por ejemplo, en el caso del matemático que cambia de lugar un libro de la estantería, moviente per se primum sería físicamente el hombre, per partem su mano, y per accidens el matemático.[21]

4. EL MOVIMIENTO

Quedó claro por la exposición anterior que, para Aristóteles, el movimiento es el cambio producido en los accidentes del ente, pero no el cambio producido en la sustancia. En el libro V de la *Física* se expone claramente este criterio.

Asimismo, pero ya en orden a la Filosofía del ser, en el libro XI de la *Metafísica*, reitera el concepto apuntado.

De acuerdo a lo señalado, el movimiento es un cambio limitado a los accidentes; y el cambio propiamente dicho es el cambio en la sustancia. Por consiguiente, ni la generación ni la corrupción sustanciales son considerados movimientos, sino cambios.

Debemos ahora aclarar que Aristóteles en persona se encarga de contradecir estos conceptos.

Destacados estudiosos del Estagirita, sostienen que no hay que hacer mucho caso de las distinciones apuntadas, ya que Aristóteles no las observa rigurosamente. En la *Física* misma, donde se distingue más, no se da una precisión constante. Consideran que el Libro V de la *Física* es inauténtico, pertenece a un discípulo de Aristóteles y, como tal, debería remitirse a un apéndice de la obra. Por su parte, en la *Metafísica* tampoco se mantiene la distinción entre cambio y movimiento.

Y en el libro I de la Metafísica se puede observar también que Aristóteles, al hablar de la causa eficiente, habla del principio del movimiento mientras que al enumerar la misma causa en la Física habla del principio del cambio. Esta misma expresión es repetida en un paso paralelo de la Metafísica Libro X. Esto quiere decir que la causa eficiente es principio del cambio en general y del movimiento. ¿Hay que entender éste como una forma particular del cambio? ¿O hay que entender, más bien, que no hay diferencia entre ambos conceptos? Un sentido global se encuentra también en la Metafísica, en el libro XII, capítulo 4. Aristóteles habla de la primera causa motriz para cosas diferentes. Y entre éstas nombra la generación, que antes aparecía como cambio y no como movimiento. Y en el capítulo 6, antes de demostrar el acto puro, también entiende el movimiento como sinónimo de cambio. Además habla de la causa, diferente de éstas, que como primera de todo, lo mueve todo.[22]

Hecha esta necesaria aclaración, desde el punto de vista de la Metafísica tomista (basada principalmente en el aristotelismo), movimiento es **todo cambio** que se produzca en la realidad de los entes, ya sea en la sustancia como en los accidentes. Cambio y movimiento significan lo mismo. Son términos intercambiables.

No hay cambio ni movimiento fuera de las categorías. Es más aún, ni siquiera para la Física, el tomismo tiene en cuenta la distinción entre cambio y movimiento. Funcionan como sinónimos.

Se notará desde ahora que "móvil" así como también "movimiento" se deben entender en peripatetismo en un sentido muy amplio: designan en el mundo de la naturaleza, toda especie de mutabilidad o de mutación posible.[23]

El devenir o llegar a ser

Para Aristóteles el mundo de la naturaleza es ante todo el del cambio perpetuo. Lo estudia la Física.

Santo Tomás dirá:

Y la ciencia natural, que se llama física, se ocupa de aquellas cosas que dependen de la materia no sólo para su existencia, sino también para su definición. Y como todo lo que tiene materia es móvil, se sigue que el ser móvil es objeto de la filosofía natural. Porque la filosofía natural trata de las cosas naturales, y las cosas naturales son aquellas cuyo principio es la naturaleza. Pero la naturaleza es principio de movimiento y reposo en aquello en que está. Luego las ciencias naturales se ocupan de aquellas cosas que tienen en sí un principio de movimiento.[24]

Enseña Aristóteles:

Por nuestra parte damos por supuesto que las cosas que son por naturaleza, o todas o algunas, están en movimiento; esto es claro por inducción.[25]

La Física estudia dos grandes temas; de una parte los principios naturales y, de otra, el movimiento en sí y sus diversas clases.[26]

Según Santo Tomás el devenir o llegar a ser es de dos maneras:

-Devenir sustancial. Según el cual una cosa se dice que llega simplemente a ser. Por ejemplo: llega a ser una estatua o una mesa.

-Devenir accidental. Según el cual una cosa se dice que llegará a ser esto o aquello. Por ejemplo: llegar a ser blanca, cálida, o colocada en tal lugar, etc.

El estudio del devenir absoluto o sustancial supone el conocimiento de los principios del ser móvil; el del llegar a ser accidental envuelve, además del análisis del cambio, el de sus condiciones intrínsecas o extrínsecas.[27]

Enseña Aristóteles que:

Todo lo devenido es algo, de algo y en virtud de algo[28]

Indica así los **tres elementos principales** en el proceso del devenir:

1-Aquello que ha devenido, es decir, **el ente actual**;

2-Aquello de lo que ha devenido el ente actual, es decir, **el ente potencial**;

3-Aquello en virtud de lo cual el ente potencial pasó a ser actual, es decir, **la causa eficiente.**[29]

La causa eficiente es absolutamente necesaria para el devenir de las cosas: el ente potencial es al actual como el no ser al ser y, por consiguiente, no puede darse el ser a sí mismo, puesto que todavía no lo tiene. Necesita ser movido por otro, puesto que es pasivo. Y este otro es la causa eficiente. Además, entre ellos y su objeto se da la relación de acto a potencia. El acto en el cual la causa eficiente mueve al ente potencial y el acto en el cual el ente potencial es movido son uno mismo, con la mera distinción lógica de que el mismo acto sale activamente de la causa eficiente y es recibido pasivamente por el ente potencial.[30]

Los Principios del cambio o movimiento (o del ente móvil)

Una definición amplia nos dice que *un principio es aquello de lo que algo procede de alguna manera.*[31] Es la base desde la cual algo tiene su origen.

Los principios pueden estar relacionados con el conocimiento o la realidad. Algunas cosas pueden proceder de otras en términos de lo que sabemos o en términos de su existencia real. Por lo tanto, se habla de dos tipos de principios: el principio del conocimiento y el principio de la realidad.

También podemos distinguir ente principios intrínsecos (parte de la naturaleza misma de algo) o extrínsecos (externos al ente en cuestión).

Los principios intrínsecos se dividen en dos categorías:

1-**Metáfísicos**, que son principios comunes a todas las formas de ser y se consideran como los constituyentes fundamentales de todo ser finito, a saber, la potencia y el acto.

2-**Físicos o naturales**, que son principios a partir de los cuales se crea o se constituye un ser móvil.

Los entes móviles son aquellos que están sujetos a la percepción sensorial y tienen una existencia tangible y corpórea.

Algunos de los primeros filósofos sostenían que todas las cosas estaban hechas de un solo principio material. Estos principios podían ser el fuego, el aire, el agua o algún elemento intermedio entre ellos. Otro filósofo, Empédocles, argumentaba que existían cuatro principios físicos: fuego, aire, agua y tierra. Anaxágoras, por otro lado, sostenía que había un número infinito de principios físicos.

En realidad, solo existen tres principios físicos o naturales, y esta afirmación se basa en la noción misma de movimiento o cambio.

Esos tres principios son: **forma, privación** y **materia**.

Ejemplifiquemos. Tomemos una pared no blanca. La pinto de blanco. Distinguimos dos términos: un término adquirido, el color blanco. Un término inicial: un color no-blanco. Hay un tránsito del no-blanco al blanco. Llamo forma blanca a la que tiene ahora la pared, que surge de la privación de la forma no-blanca. Se puede decir que todo cambio se efectúa entre dos términos opuestos: la ausencia o la privación de cualquier determinación física (privé a la pared del no-blanco) y la realidad adquirida de esta determinación (doté a la pared del color blanco).

El sujeto calificado primero por la privación se verá enseguida calificado por la forma: el cuerpo no-blanco se convertirá en una pared blanca.

Todo cambio supone un nexo: una unidad entre los términos extremos. El cambio implica volverse otro (otro color de pared) lo que supone una permanencia bajo cierto aspecto, de lo que se era. Si hubiera discontinuidad absoluta entre los términos de un cambio, la noción misma de cambio se tornaría ininteligible. Aparece aquí el tercer término que servirá de soporte al proceso de cambio y a sus términos. Es la materia.

Todo cambio requiere pues:

1-El sujeto que cambia: **la materia**
2-La determinación que recibe: **la forma**
3-La ausencia previa de esta determinación: **la privación**

Aristóteles afirma que sólo los contrarios son principios. En el fundamento de la contrariedad es necesario alguna cosa que no sea en sí misma contrariedad. La sustancia no tiene contrario. Como tal, es el fundamento de todos los cambios.

De los tres principios extraeremos los elementos constitutivos del ente corpóreo. Uno de esos principios es negativo, la privación. Que no tiene realidad sino en relación a una determinación que sobrevendrá. No estará comprendido entre los constitutivos primordiales del ente corpóreo. Quedan así, la forma y la materia, que tienen un significado analógico.

Nosotros afirmamos que la materia es distinta de la privación, y que una de ellas, la materia, es un no-ser por accidente, mientras que la privación es de suyo no ser, y también que la materia es de alguna manera casi una sustancia, mientras que la privación no lo es en absoluto.[32]

Para concluir:

*El estudio del movimiento puede abordarse distinguiendo tres diferentes puntos de partida. **Según el procedimiento inductivo**, esto es para Aristóteles, de modo inmediato, directo, hay corrupción cuando el movimiento es de un sujeto a un no sujeto; generación cuando es de un no sujeto a un sujeto, (...) **Desde el punto de vista de las categorías** solamente puede haber movimiento en la cualidad (alteración), la cantidad (aumento* *o disminución) y local (cambio de lugar). **El tercero proviene de la dialéctica existente entre forma y privación**: hay movimiento si se está privado del opuesto, y se ha movido; si lo que antes era privación, ahora es forma. Ahora bien, forma y privación sólo se pueden dar y corromper si hay un sujeto que posee ambos y permanece en ambos.*[33]

5. LA MATERIA

El primer filósofo (en Occidente) en quien la noción de materia adquiere un carácter filosófico "técnico" es Aristóteles. Ello no quiere decir que Aristóteles no debiera mucho a los pensadores precedentes —presocráticos y Platón— en el tratamiento de este concepto. Pero Aristóteles no solamente precisó más que sus precursores el concepto de materia, sino que, al mismo tiempo, lo enriqueció considerablemente.[34]

Dice Aristóteles:

(...) pues llamo "materia" al sustrato primero en cada cosa, aquel constitutivo interno y no accidental de lo cual algo llega a ser.[35]

Santo Tomás reflexiona sobre el texto aristotélico:

Pues decimos que la materia es el primer sujeto a partir del cual una cosa llega a ser per se, y no per accidens, y está en la cosa después de haber llegado a ser. [36]

En la *Suma Teológica* dirá*:*

La materia es aquello de lo que se hace algo[37]

La materia como sustrato no es simplemente la sustancia, ya que es algo común a todas las sustancias. Es una especie de matriz de la realidad física y no la realidad física misma. Por tanto, si la materia es sustrato lo es en un sentido distinto del sustancial. En cuanto "sustrato de", la materia es aquella "realidad sensible" de la cual pueden abstraerse una o varias determinaciones. Por ejemplo: figuras y cantidades o pueden abstraerse formas y universales.[38]

La propiedad característica de la materia es su indeterminación absoluta. Al respecto enseña el Estagirita:

Por "materia" me refiero a aquello que en sí mismo no es ni una cosa particular ni una cantidad ni está designado por ninguna de las categorías que definen el Ser.[39]

La materia es pura potencia, en el sentido siguiente: ella es el sujeto del acto primero que pone a un ente en la realidad. Si la materia estuviera ya actualizada antes de su información sería sustancia.

De modo que podemos afirmar que la materia no es ni "aquello que existe" ni "aquello que es engendrado" sino que es "aquello de lo cual" el compuesto (el ente corpóreo) existe. El verdadero sujeto de la existencia es el compuesto de materia y de forma, es decir el ente corpóreo.

Para Aristóteles -a diferencia de los eleatas- entre el ente actual y la nada se da un término medio, el ser (ente) potencial. Y esto es para la generación corporal sustancial la **materia prima, también llamada materia pura o materia última**; y que es la materia fundamental y común.

Así, la materia prima se puede definir positivamente diciendo que es: primer sujeto de todo ser corporal, del cual, como coprincipio constitutivo interno, nace el ser sustancial del ente corporal (...) La materia prima es "sujeto", porque, como portadora de la forma que ha de ser recibida, está sometida a esta última. Es "primer" sujeto, porque es portadora del ser sustancial del cuerpo, que Aristóteles considera como primer ser de la cosa, frente a todas las ulteriores determinaciones accidentales.[40]

Esta definición implica:

1-Que la materia prima es un sujeto, es decir, una entidad que puede recibir una forma o una determinación.

2-Que la materia es primera, indica que no es un sujeto que ya tenga una forma específica, sino que está en su estado más primitivo, sin una determinación particular.

3-Que la materia prima es aquello de lo cual algo se forma o crea.

4-Y que dicha formación o creación no es accidental, sino que es fundamental para la existencia misma de la cosa.

La materia prima no es:

-Algo aislado y separado del ser corpóreo existente.

-Algo de lo cual, como de un primer sujeto, surgen todos los seres corpóreos y en lo cual se disuelven nuevamente.

-Algo que, actualizado por la forma, constituye la nueva cosa engendrada como parte consustancial de la misma.

*Todo esto es erróneo desde el punto de vista aristotélico. La materia prima, como ser pasivo-potencial, se encuentra en todo ser corpóreo actualmente existente, como razón fundamental de su mutabilidad corpórea. **Nunca pasa como tal a la nueva parte integrante actualizada por el ser corpóreo**; de lo contrario, ya no sería potencial ni, por consiguiente, capaz de recibir nuevas formas. Por tanto, al hablar aquí de la materia prima como ser meramente real-potencial, por tal entendemos una disposición real en cualquier ser corpóreo actual, la cual, sin embargo, en cuanto tal, no posee nada actual, sino ser meramente potencial y, por consiguiente, está en potencia para recibir cualquiera forma nueva.*[41]

La materia prima en sí misma es **una**: nada permite distinguir en ella partes actuales; no es múltiple sino en potencia.

Pero donde con más rigor se expresa Tomás es al explicar que la materia prima no tiene propiamente ninguna esencia, sino que la potencia misma es su esencia: "Materia prima est in potentia ad actum substantialem, qui est forma, et ideo ipsa potentia est ipsa essentia ejus".[42]

Negativamente, la materia, considerada absolutamente en sí, no es ni sustancia ni cantidad, ni ninguna otra cosa de las que determinan al ente.

Según esto, la materia prima, en virtud de su naturaleza íntima, sería, en cuanto tal, indeterminada. Esta definición formó escuela en las épocas posteriores. La encontramos incluso en Plotino, príncipe del neoplatonismo, luego en San Agustín, y, naturalmente, en Santo Tomás (...)[43]

Positivamente considerada, Aristóteles no niega toda sustancialidad a la materia en su ordenación al compuesto, que está constituido por ella. En esto lo sigue Santo Tomás.

Si la materia prima, en virtud de su ser interno, no es en modo alguno una sustancia determinada, siendo, no obstante, en relación el compositum algo sustancial, es evidente que no puede ser una "nada". A juicio de Aristóteles, quien debe informarnos acerca de este aspecto positivo de la materia prima es el filósofo natural o el físico.[44]

Para Santo Tomás, la materia prima es algo real, aunque sea pura potencia: *aunque la materia prima sea informe, sin embargo inhiere en ella una cierta imitación de la primera forma; por muy débil que sea el ser que tenga, sin embargo es semejanza del primer ente.* Pero como el ser viene de la forma, la realidad que posee la materia prima no le puede venir sino de su ordenación a la forma, y más en concreto, de su participación en el ser a través de la forma: *se dice que la materia es gracias a aquello que le adviene, porque de suyo tiene un ser incompleto, más aún, no tiene ningún ser.*[45]

Podemos resumir las características de la materia prima de la siguiente manera:

1-La materia prima depende de una forma para existir, similar a cómo un accidente depende de una sustancia.

2-La materia prima carece de actividad propia ya que la actividad requiere una forma que determine cómo actúa la materia, pero la materia prima no tiene una forma específica.

3-La materia prima tiene una inclinación natural o "apetencia" hacia la forma, buscando una forma que le dé existencia.

4-Esta inclinación hacia todas las formas se manifiesta de diferentes maneras: tendencia y deseo hacia formas que nunca ha tenido, posesión y reposo respecto a las formas que ha tenido pero un deseo no satisfecho por otras formas, y proporción en relación con las formas que ha tenido y perdido.

5-La materia prima tiene una inclinación innata hacia todas las formas, pero solo en la medida en que todas comparten la misma formalidad.

6-Aunque esté informada por una forma perfecta, como el alma humana, la materia prima siempre busca otras formas y no descansa en una forma como su fin último.

7-La materia prima no puede ser engendrada ni corrompida negativamente, ya que no tiene una existencia propia ni puede ser producida a partir de un sujeto preexistente.

8-La materia prima tuvo su origen a través de la creación, siendo "concreada" cuando se creó el primer ser móvil compuesto de materia prima y forma sustancial.

9-La materia prima no tiene características distintivas bajo una forma en particular, pero permanece igual sucesivamente cuando pasa a existir bajo otra forma.

10-La materia prima, por sí misma, es completamente indeterminada e ininteligible, volviéndose inteligible solo cuando se le da una forma determinada.[46]

Ahora bien. Si hay una materia primera es porque hay una materia segunda. La **materia segunda** puede definirse como el sujeto receptor de las determinaciones o formas accidentales de las sustancias corporales.[47]

La materia prima es el primer sujeto sustancial a partir del cual se hace o es cada ser móvil. Este sujeto se llama materia prima para distinguirlo del ser móvil ya constituido, que llamamos materia segunda; por ejemplo, la madera de la que se hace una estatua se llama materia segunda.[48]

Hemos visto con cuánta atención es necesario distinguir entre materia prima y materia segunda: esta última no es más que el cuerpo ya constituido (mármol, madera, aire, animal, etc.), mientras que la materia prima es el primer sujeto que, mediante su unión con una forma, se convierte en un ser propiamente dicho (una sustancia). Negativamente, según la expresión de Aristóteles, es aquello que por sí mismo no es ni ser, ni calidad, ni cantidad, ni absolutamente nada que implique cualquier determinación; es aquello que siendo absolutamente indeterminado puede convertirse, mediante la forma, en cualquier ser corpóreo.[49]

La materia es entendida como mera potencialidad. De ella es generado algo al ser determinada por una forma que la actualiza y la configura.

Para Aristóteles, la materia era eterna, es decir, no engendrada. Afirmación que Santo Tomás, en virtud del hecho de la creación en el tiempo, no comparte. La materia prima es creada; pero, no es engendrada. La materia prima es engendrada como materia segunda en el compuesto y también en él es perecedera.

Platón afirmaba que sólo el entendimiento, desligándose de los sentidos y por medio de un razonamiento impropio, podía comprender la materia (*Timeo*, 52. B. (Ed. Did., II, 219, 47). Plotino sostenía la misma opinión. Según su criterio, la materia no es directamente cognoscible, porque no posee ninguna forma (*Enéadas*, II, 1. IV (X) (76, 45). Aristóteles compartía el aserto. Consideró que concebimos la materia prima en cuanto sujeto de todas las formas sustanciales de una manera análoga a como concebimos la materia segunda en tanto sujeto de las formas accidentales. La manera de conocimiento de la materia prima es, por consiguiente, indirecta y discursiva. En total consonancia con esto, la unidad de la misma tampoco es **actual**, lograda por medio de una forma, sino meramente **potencial**, con relación a una forma.[50]

Después de Aristóteles y Santo Tomás, la materia y la forma se consideran siempre relacionadas entre sí como la potencia y el acto. La forma es el primer acto de la materia. La materia prima carece de actualidad, es pura potencia. Es la forma la que le da actualidad. La materia prima está en potencia de recibir una forma, es decir, de ser actualizada. De convertirse en materia en acto.

6. LA FORMA

La forma es aquello que determina a la materia para ser algo. Es aquello por lo cual un ente es lo que es. Por ejemplo: en una mesa de madera, la madera es la materia con la cual está hecha la mesa; y la forma es el modelo que ha seguido el carpintero para hacer la mesa.[51]

En este contexto, si la materia es considerada como pura potencialidad y el sujeto primario, entonces la forma será el primer acto de la materia. Esto significa que la forma es lo que hace que la materia se convierta en algo específico, en un ser y en un cuerpo (como una piedra, una planta, un animal o un ser humano). En términos simples, la forma sustancial toma posesión de la materia y la convierte en una sustancia o un ser determinado. Luego, esta entidad puede recibir nuevas determinaciones en términos de propiedades, que serían accidentales y temporales.[52]

La forma configura a la materia prima. Al hacerlo, ambas (materia y forma) constituyen el ente corpóreo. Pero nuevas formas pueden acceder a la materia segunda, mas produciendo esta vez sólo cambios accidentales en el ente. Finalmente, recordemos que la materia prima no desaparece en el ente constituido sino que permanece en potencia de nuevas formas sustanciales.

De modo que las relaciones entre materia y forma pueden ser reducidas a dos tipos fundamentales:

1-**La relación materia prima-forma sustancial**. La sustancia es totalmente transmutada. Se dan los procesos de generación o corrupción.

2-**La relación materia segunda-forma accidental**. La sustancia permanece la misma. Se producen cambios accidentales en la sustancia.

Son los términos de la primera relación los que se encuentran en la base de la constitución de los entes corpóreos.

En el compuesto sustancial, la forma es ontológicamente primero: el ente corpóreo es principalmente forma. La forma tiene primacía sobre la materia, a la que configura. De modo que las sustancias corporales están compuestas primordialmente de materia prima y de forma sustancial.

A un nivel más superficial, y en relación con las mutaciones que no afectan el ser esencial de las cosas (accidentes), se encuentran las parejas: materias segundas-formas accidentales.

Mientras la relación materia-forma se aplica a la realidad en un sentido muy general y, por así decirlo, estático, la relación potencia acto se aplica a la realidad en tanto que esta realidad está en movimiento (es decir, en estado de devenir). La relación potencia-acto nos hace comprender cómo cambian (ontológicamente) las cosas; la relación materia-forma nos permite entender cómo están compuestas las cosas.[53]

Ahora bien. La forma en los entes corpóreos no es la esencia del ente. La esencia del ente corpóreo es el compuesto de materia y forma. Mas la forma es la esencia en los entes simples (alma humana y ángeles), que carecen de materia.

La forma sustancial es, insistimos, principio inmanente y no accidental del ente móvil. Es el acto primero de la sustancia sensible, aquello por lo cual existe y por lo cual ella es tal ser (ente).

La forma (...) es la idea de Platón, *traída del cielo a la tierra; procede de la misma preocupación: fundamentar el conocimiento y satisfacer teóricamente sus exigencias.*[54]

Según lo anterior, la forma es lo que otorga a la materia su esencia específica y la hace pensable, es decir, idea. Esto es similar a lo que Platón entendía cuando se refería a la forma como "idea" (ειδος). Sin embargo, el error de Platón radicaba en separar la idea de la materia, mientras que en la filosofía aristotélico-tomista, la forma sustancial del cuerpo es inmanente a la materia. A través de ella, el cuerpo es al mismo tiempo uno, una entidad y algo inteligible. Participa en la belleza que es medida y proporción.[55]

Como la materia, la forma no tiene existencia independiente y no es engendrada. En rigor, ni la materia ni la forma son engendradas separadamente. Lo que se engendra es el compuesto de ambas y en él, reciben ambas el primer ser actual.

La materia no puede darse a sí misma las formas. La materia y la forma de la cosa nueva (del compuesto) se dan al mismo tiempo, más aún, inseparablemente unidas. Ninguna de ellas tiene, en modo alguno, existencia antes que la otra. La materia y la forma no se engendran separadamente. Se dan simultáneamente en un tercero, el compuesto.

Ni la materia ni la forma pueden poseer separadamente actividad alguna. Sí la tienen en el compuesto.

En el proceso de la generación, la forma no es transmitida de un sujeto a otro sujeto. Las formas son obtenidas, "educidas", de la potencia misma de la materia que ellas vienen a actualizar.[56] Finalmente, debemos decir que en razón de la unidad esencial del compuesto, una materia no puede ser actualizada a la vez más que por una sola forma sustancial.

(...) la forma no puede desearse a sí misma, pues nada le falta, ni tampoco puede desearla el contrario, pues los contrarios son mutuamente destructivos; lo que la desea es la materia, como la hembra desea al macho y lo feo a lo bello, salvo que no sea feo por sí sino por accidente, ni hembra por sí sino por accidente.[57]

La materia y la forma están intrínsecamente unidas entre sí, constituyendo así el compuesto sustancial, es decir, el ente corpóreo concreto tal como se encuentra en la naturaleza y la realidad. Este compuesto es verdaderamente "lo que existe" y desempeña un papel fundamental como principio y término propio en los procesos de generación y corrupción sustancial. Además, actúa como el sujeto de los accidentes, y todas las actividades del sujeto se relacionan con él como su principio radical.

Existen tres tipos distintos de unión entre la materia y la forma:[58]

1-La unión efectiva
2-La unión dispositiva
3-La unión formal

La unión efectiva se refiere a la acción de un agente que da forma a la materia.

La unión dispositiva implica las disposiciones necesarias para que la materia sea capaz de recibir y retener una forma; por ejemplo, en los seres vivos, una disposición particular es esencial para que un cuerpo pueda retener su alma, y cuando esta disposición se ve alterada por la enfermedad, el alma se separa del cuerpo.

Por último, **la unión formal** es la que establece la unión esencial entre la forma y la materia, permitiendo que la materia se una formalmente a la forma misma.

Es importante destacar que la unión efectiva y la unión dispositiva son entidades distintas de la materia y la forma. Sin embargo, la cuestión principal se refiere a la unión formal. ¿La materia primera y la forma sustancial están unidas formalmente a través de un tercer elemento que sea independiente de ellas mismas, o están unidas directamente a través de sus propias esencias?

La forma se une a la materia al informar y activar la materia. No obstante, la forma realiza esta acción de manera esencial y directa sobre la materia. Por lo tanto, la forma está esencialmente y directamente unida a la materia, ya que su función es actuar como el primer acto que determina a la materia primera. Si la unión entre la materia primera y la forma sustancial no fuera inmediata, la forma sustancial dejaría de ser el primer acto por el cual la materia primera se determina, ya que existiría una entidad intermedia, es decir, un acto intermedio, entre la materia primera y la forma sustancial.

Esta unión inseparable de materia y forma da como resultado el ente corpóreo concreto, que es el sujeto de todas las actividades y características que conforman su existencia en la realidad.

La materia y la forma no son separables de la cosa [59]

Según la doctrina tomista, materia y forma constituyen una misma sustancia, una misma esencia y un mismo compuesto sustancial, siendo coprincipios intrínsecos. A pesar de ser realmente distintas, no se pueden reducir la una a la otra, ya que no son intercambiables. Sin embargo, de su unión como potencia y acto resulta no dos seres (un agregado o una suma), sino un solo ser en acto. **Esto implica que cada cuerpo puede tener solo una forma sustancial, ya que es la forma la que determina la naturaleza específica del cuerpo y cada cuerpo solo pertenece a una especie.** Por lo tanto, para cada cuerpo solo puede existir una forma sustancial.[60]

*Así pues, **la forma es acto**, pero el acto no se reduce a forma, sino que también es acto el movimiento. Precisamente por esto, resulta difícil definir el movimiento. El movimiento se conceptualiza penosamente y de modo tan impreciso, justamente porque "parece ser algo indeterminado (aóristón)" (Metafísica, K-9, 1066a 17 y Física, T-2, 201b 27-28). No es tampoco asimilable a ninguna de las categorías. (Cfr. Metafísica, K-9, 1066a 9-21 y Física, T-2, 201b 16-32).*[61]

El Movimiento estudiado desde la Forma[62]

Con frecuencia, Aristóteles reflexiona sobre el movimiento desde la consideración del compuesto sustancial de materia y forma, al que llama *sýnolon*.

No sólo los vivientes poseen el movimiento dentro de sí. El Estagirita destaca cómo incluso los primeros elementos de los que se componen todas las cosas -las últimas diferencias básicas de la naturaleza- están constantemente en movimiento: *Imitan a las cosas incorruptibles también las que están sujetas a cambio, como la Tierra y el Fuego. Éstas están siempre en actividad, pues tienen por sí y en sí el movimiento.* La distinción que se observa entre el movimiento de los vivientes y el de los no-vivientes no reside en la posesión del movimiento (una naturaleza muerta o inerte frente a otra activa), debido a que tanto unos como otros están radicalmente en movimiento.

De todo el *Corpus aristotélico* y atendiendo a la relación entre la forma y el movimiento, podemos extraer como enseñanza las siguientes conclusiones:

1-Forma y movimiento no se identifican. La forma es aquello por lo que el ente corpóreo es lo que es y no otro, mientras que *el movimiento es siempre otro.*

2-La forma es el principio según el cual se organiza el cuerpo. La forma que dirige el crecimiento posee vitalidad, actividad. Y ello se debe a que es forma sin materia: no es la materia el principio del crecimiento, sino la forma. La materia, más bien, es principio de pasividad: *la materia en cuanto materia es pasiva.*

3-La forma aplica su actividad para informar la materia inicial, pero también para incorporar nueva materia (nuevas formas materiales). Así puede obrar más. La forma es como un conducto, porque a través suyo se incorpora nueva materia: de este modo ese conducto se hace cada vez mayor, es decir, su capacidad de obrar crece. La forma no es pues un principio de estaticidad sino de dinamismo.

4-Una misma forma se repite en muchas materias, con la única salvedad de que sean materias adecuadas. La forma del viviente genera otras formas semejantes. La universalidad de la forma en los vivientes la busca la forma por sí misma. La forma no se universaliza porque un agente externo así lo imponga, sino que ella misma es multiplicante, repetitiva.

5-La forma se presenta como principio y término del movimiento. Los entes corpóreos son activos, poseen el principio de movimiento en sí mismos. Tal principio de movimiento de alguna manera está vinculado a la forma, pues ella es el principio por el que el ente corpóreo es él mismo y no otro. Pero la actividad que surge con la forma no implica variación de la forma.

6-El movimiento se determina según la forma. El movimiento es formal. Mover comporta, de un modo u otro, formalizar. El motor mueve porque tiene la forma: y mover se traduce siempre en la transmisión de una formalidad. Desde este punto de vista, el movimiento es lo imperfecto con relación a la forma.

7-El movimiento se ordena a la consecución de una forma.

8-La forma es aquello que se busca como fin en el movimiento. Por eso, la forma es ingenerable e incorruptible.

9-El movimiento, por el contrario, es lo imperfecto, lo inacabado, frente a la plenitud de la forma.

10-Cuando se trata de cambios accidentales, el movimiento resulta secundario respecto a la constitución de la cosa, ya lograda por la forma sustancial.

11-El cambio accidental no penetra en la forma de la cosa, que continua siendo "lo que es", permanece invariable.

12-Corresponde decir que el movimiento se hace presente en tanto que es formal. Todo movimiento implica formas: antes, en y después.

13-El cambio de formas revela la realidad del movimiento. Unos movimientos se distinguen de otros por las formas que incluyen.

14-Lo específico del ente natural es poseer ese principio de movimiento en sí mismo en cuanto es él mismo. La forma que determina actualmente a cada ente y que lo diferencia de los demás ha de estar íntimamente ligada a ese principio del movimiento que está en el sujeto mismo en cuanto es él mismo.

15-El movimiento no está en la forma sino en lo movido, es decir, en el móvil tomado en acto.

16-Las formas no se mueven, no se generan ni corrompen: *hacer redondo el bronce no es hacer la redondez o la esfera.*

17-Que la forma se presente, en cierto modo, como principio de movimiento, no significa que ella misma esté en movimiento. Lo que se mueve, lo que se produce es esta esfera de bronce, pero no la esfera ni el bronce.

18-El movimiento de los entes naturales no comporta variación de las formas en sí mismas, sino cambio en el mismo ente natural que pasa a poseer una nueva forma.

19-El movimiento característico de los entes corpóreos se destaca en la actividad de los seres vivos. De ésta sobresale el crecimiento. Éste es expresión de un dinamismo interno de la forma. Por eso dirá el Estagirita en *De generatione et corruptione A-5, 321b 22-24.* que *el aumento de todas las partes de un cuerpo en crecimiento y la unión de algo al cuerpo que aumenta, son posibles según la forma, pero no según la materia.* El crecimiento no es un aumento por yuxtaposición de partes, sino un aumento que conserva la propia forma. Se añaden nuevas partes de modo proporcional en el viviente, según un orden determinado. Se crece desde la forma.

20-*Los movimientos, muchos en número, son incompletos y diferentes en forma, puesto que el de-dónde y el a-dónde es lo que da a cada uno su forma* (Ética a Nicómaco, K-4, 1174b 4-5. Cfr. también *Física*, E-5, 229a 25-27). En *Física*, T-2, 202a 9-11, dice Aristóteles: *El motor lleva siempre una forma, (...) y ella es, cuando mueve, principio y causa del movimiento.*

El acto y la potencia aparecen en el movimiento. La manifestación más clara y concreta de la distinción potencia-acto se alcanza en el examen del movimiento.

Movimiento, es acto de aquello que está en potencia, no en cuanto que es forma, sino en cuanto está en potencia.

Cualquiera que sea la manera en que se conciba el movimiento, siempre será, en orden a su íntima esencia, el paso de un sujeto de una manera de ser a otra. En este paso, el sujeto está ya parcialmente en acto; de lo contrario, no podría pasar de una manera de ser a otra, y, parcialmente, está sólo en potencia, precisamente también porque pasa de una manera de ser a otra. Si esta potencia no es nada real, el sujeto estará siempre únicamente en acto. Si siempre está únicamente en acto, nunca se encontrará de paso, y, si esto es así, no hay movimiento alguno. De aquí, la célebre definición, muchas veces combatida, y nunca refutada, que Aristóteles da del movimiento: "Actus entis in potentia quatenus in potentia".[63] El movimiento es un progresivo llegar a ser de aquello que es posible. No es, de suyo, acto ni potencia, sino, en parte, acto, y, en parte, potencia, y por eso supone necesariamente el ser potencial.[64]

7. INTRODUCCIÓN AL ACTO Y LA POTENCIA

La poderosa síntesis tomista descansa, como en su más profundo cimiento, en la doctrina aristotélica del acto y la potencia.[65]

La distinción del ser (ente) en acto y potencia fue descubierta por Aristóteles mismo, quien la dejó firmemente establecida sobre sus bases. Santo Tomás continuó en la misma línea el esfuerzo comenzado, perfeccionando esta doctrina, que bien puede llamarse del ser real-posible y del ser real-efectivo (Gallus Manser). Se trata de nociones o ideas firmemente apoyadas en la experiencia y en el sentido común.

En la Edad Media, en general, y en el siglo XIII, en particular, Santo Tomás no fue el único que adoptó con provecho la doctrina del acto y la potencia. También en los demás escolásticos, especialmente en los grandes, desempeñó esta doctrina un destacado papel. Mas lo propio y peculiar del Aquinate, es el desarrollo y total desenvolvimiento lógico y consecuente de la misma, aprovechando su riqueza científica. Por tal motivo, algunos autores descubren en esta doctrina la esencia y el punto central del pensamiento tomista.[66]

H.A.S. Schankula, en un artículo breve e incisivo, ha mostrado con suficiente fuerza que es muy probable que la distinción de potencia y acto haya sido desarrollada por Aristóteles a partir de algunas indicaciones de Platón, leves, pero suficientes.[67]

Según este autor, Aristóteles se basó en dos diálogos: el *Eutidemo* y el *Teeteto*, en los cuales Platón distingue entre la posesión de algo y su tenencia o uso.

Según el P. Pierre Aubenque en su obra *El problema del ser en Aristóteles*, la noción de acto y de potencia no habría nacido sin las aporías clásicas acerca del movimiento. Estas serían dos:

1-Cómo el ser proviene del no-ser

2-Cómo lo mismo puede hacerse otro

El problema del origen, que preocupó tanto a los griegos, el problema del devenir, del crecer, del llegar a ser o de realizar la propia esencia.

Acto y potencia son palabras de uso común en el lenguaje hablado o escrito. No son términos exclusivos de un cierto tecnicismo filosófico, sino conceptos que todo el mundo utiliza, como fruto de su conocimiento espontáneo, para designar unos determinados aspectos de la realidad.[68]

Aristóteles desarrolla la doctrina del acto y la potencia en el Libro IX de su *Metafísica*. En la *Física* la da por conocida, pero no la elabora.

En *Metafísica* Libro VI, capítulo 2, Aristóteles vincula al acto y a la potencia con el ser de los entes:

*Pero puesto que lo que es, sin más precisiones, se dice en muchos sentidos: en primer lugar, está lo que es accidentalmente; en segundo lugar, lo que es en el sentido de "es verdadero" y lo que no es en el sentido de "es falso"; además, están las Figuras de la predicación (por ejemplo, qué (es), de que cualidad, de qué cantidad, dónde, cuándo (es), y cualquier otra cosa que signifique de este modo, y aún, además de todos estos (sentidos), **lo que es en potencia y en acto**; puesto que lo que es se dice en muchos sentidos, hay que decir, en primer lugar, sobre (lo que es) accidentalmente que no es posible estudio alguno acerca de ello.*[69]

Aristóteles introduce una perspectiva nueva en la consideración del ente en cuanto ente: la pregunta por la potencia y por el acto. Ver el ente como acto es verlo en sentido estático. Ver el ente como potencia es verlo en sentido dinámico. En el primer caso, sé lo que el ente es ahora pero no lo que puede llegar a ser. En el segundo caso, descubro sus potencialidades, sus capacidades.

El Libro IX de la *Metafísica*, está enteramente consagrado a la doctrina del acto y la potencia. Aparece al lado de las categorías, en el rango de las divisiones primeras del ente. Aristóteles ya había usado esta división en Física, a propósito del movimiento. A partir de ahora la estudiará en su significación más universal, esto es, en cuanto conviene a todos los seres (entes), tanto a los que son inmóviles como a los que son susceptibles de moverse.

El sentido común provee el significado de acto y potencia que, *a posteriori*, la metafísica profundizará. En tal orden de ideas, acto significa, en primer lugar, acción. Y de la acciones, la más evidente para nosotros es el movimiento, porque va ligado a lo sensible y nuestro conocimiento intelectual comienza siempre en los sentidos. **Por eso la acepción más inmediata de la palabra acto es la de una acción que implica movimiento.** Por ejemplo: las acciones del hombre reciben el nombre de actos humanos; las partes en las que se divide una acción teatral se califican como actos, etc. Algo semejante ocurre con **la potencia. En primer lugar se utiliza como sinónimo de poder, capacidad de obrar**. Es de uso constante en la expresión oral o escrita: un arma de mucha potencia, la potencia que desarrolla un motor, etc. Sin embargo, acto y potencia no agotan su significación al designar respectivamente la acción y el poder. Por eso decimos que su primer significado es ése, pero veremos que, metafísicamente, adquieren una profundidad mucho mayor.70

La solución aristotélica al problema del ente en movimiento es tradicionalmente presentada como una posición media entre las doctrinas extremas del eleatismo y el heraclitismo.

Parménides, al no admitir ningún término medio entre el ser y el no-ser, llegaba por esto a negar la realidad del devenir: el ser, en efecto, no puede venir del ser que ya es, porque esto no tendría sentido; tampoco puede proceder del no-ser que nada es; así pues, no hay devenir, no hay sino el ser que es. Heráclito, por el contrario, reconocía la realidad del cambio que, para él, era un dato primitivo, pero bajo el flujo de las apariencias parecía no retener ninguna realidad estable. Por lo tanto, no habría ser. ¿Qué puede ser realmente un devenir que no conduzca hacia el ser? ¿Cómo conservar, en consecuencia, a la vez el ser y el devenir?[71]

Para Aristóteles, entre el ente en estado acabado, el ente en acto, y el puro no-ente, hay una especie de intermediario: el ente en potencia.

El ser (ente) se divide en potencia y acto, es decir, que en cada género de sus realizaciones, se le puede encontrar bajo dos formas: la forma actual o adquirida y la forma potencial o virtual.[72]

La Tesis tomista I reafirma lo dicho:

La potencia y el acto dividen el ser (ente) de tal suerte que todo cuanto es, o bien es acto puro, o bien es acto necesariamente compuesto de potencia y acto, como principios primeros e intrínsecos.

El Acto puro es Dios. Y sólo Él. Fuera de Dios, en todo ente hay un elemento potencial, indefinidamente perfectible por el acto.

La potencia y el acto son los primeros elementos necesarios y constitutivos de todo ente. Son los principios más universales y más intrínsecos al sujeto. Esta es la primera y más radical división del ente: la potencia como género, el principio determinable; el acto como diferencia, el principio determinante. La composición de potencia y acto es común a todas las categorías: el ser sustancial está necesariamente compuesto de potencia sustancial y de acto sustancial, y el ser accidental es también un necesario compuesto de potencia accidental y de acto accidental. Siendo la potencia como el principio o bosquejo, y el acto como el término o complemento, mutuamente se deben adaptar y ajustar hasta unirse estrechamente en la formación de un solo todo. Imposible la adaptación perteneciendo ambos a un orden diferente: una potencia sustancial, sólo por un acto digno de ella, o sustancial, puede ser complementada.[73]

El ente en potencia ya pertenece a la realidad pero no está todavía perfectamente realizado.

La Tesis tomista II enseña:

El acto, por lo mismo que es perfección, no está limitado sino por la potencia, que es una capacidad de perfección. Por consiguiente, en el orden en que el acto es puro, no puede ser sino universal y único; por el lado en que es finito y múltiple, entra en verdadera composición con la potencia.

El acto, en cuanto tal, sólo significa perfección, es decir: realización de la naturaleza del ente en cuestión. Esta perfección es solamente plena en el Acto Puro o Dios. En los otros entes no es plena; es una aspiración a la plenitud. Tal aspiración la satisface la potencia, que es capacidad de perfección.

Aristóteles explica así el cambio diciendo que es el paso del ser (ente) en potencia al ser (ente) en acto. Acto y potencia presuponen siempre el movimiento. Esta es la realidad del devenir y la del ente en movimiento.

Tomemos un ejemplo. Un escultor empieza una estatua. Escoge un bloque de mármol que talla hasta su acabamiento. ¿Qué ha pasado, metafísicamente hablando? Cuando la estatua está terminada se dice que está en acto. ¿Existía antes? No existía evidentemente en acto. Pero, ¿no tenía ninguna realidad? Si se afirma esto, el proceso de la fabricación de la estatua se hace ininteligible, porque esta parece brotar de la pura nada. De hecho, el escultor no pudo ponerse a la tarea sino porque disponía de una materia conveniente, el mármol en este caso, del cual en cierto modo extrajo la estatua. Ésta aún no estaba en el mármol en acto, pero podía ser obtenida de él, se encontraba allí en potencia. La fabricación fue un paso de la estatua en potencia a la estatua en acto.[74]

El ejemplo de la estatua es repetido por Aristóteles en diferentes oportunidades. La configuración de la estatua sería la forma, en cuanto distinta de la materia de la cosa. Lo configurado sería el contenido (la materia indiferenciada) y lo configurante (la forma diferenciadora) sería el continente.

La potencia y el acto se definen y explican por sus mutuas relaciones. La potencia es como una capacidad, un bosquejo, un comienzo; el acto es el complemento. La potencia es todo aquello que reclama desarrollo y perfección; el acto es la perfección que se le da.[75]

El acto es anterior a la potencia. La potencia se injerta en el acto, y no es en modo ni grado alguno su contrario.[76] De ahí que Santo Tomás enseñara en la *Suma Teológica* I, q.3 a.1 que:

Actus simpliciter prior est potentia [77]

El acto es primero, superior, anterior y causa en relación con la potencia.

La potencia es correlativa al acto pero no es igual a él.

***La potencia y el acto** son, en Aristóteles, sentidos reales del ser, es decir, **son principios de la realidad**. **La posibilidad**, por el contrario, **está en el plano del ser mental**: posible es lo que, en nuestro discurso, afirmamos que tiene potencia a partir de la cual realizarse y cuya aparición no origina contradicción. Por tanto, la posibilidad no está esencialmente ligada a la realización fáctica. De ahí que Aristóteles pueda suponer existiendo lo que no existe pero es posible.*[78]

La potencia y el acto se sitúan en el plano real. Lo posible y lo imposible se sitúan en el plano del discurso. En la realidad no encontramos posibles o imposibles, sino actos y potencias. Es la presencia o ausencia de potencia la que nos permite hablar de que algo -un acto- podrá darse en la realidad, aunque ahora no se dé. Por ello podemos decir que los posibles están contenidos en la potencia. En efecto, la potencia es la fuente de todo lo posible; de todos los contrarios (curar-dañar) y de todos los contradictorios (andar-no andar). Por ejemplo: nuestra capacidad locomotiva nos permite andar o no andar. Si no fuera así, se identificarían lo posible y lo necesario, y se destruiría la noción de potencia, pues sólo habría actos: poder andar sería estar andando siempre.[79]

No hay en este sistema ni dualismo ni maniqueísmo metafísicos.

A la inversa, este sistema está construido para soslayar el monismo y el inmovilismo metafísicos, en los que se cae necesariamente, si se niega la división del ser en potencia y acto. Si todo existe en acto, no se dará más el devenir, el llegar a ser, en todo caso el llegar a ser consustancial a lo que es; se encuentra uno apresado por el sofismo unitario e "inmovilizador" de la escuela eleática: lo que es no llega a ser; lo que llega a ser no existe; hay que escoger entre la unidad o la multiplicidad eternas.[80]

Lo que entendemos, en definitiva, es el compuesto de acto y potencia. Es decir, el ente concreto. No entendemos el acto por un lado y la potencia por el otro. Nuestro entendimiento capta el acto como acto de la potencia, y la potencia en la relación con su acto.

Acto es, pues, que la cosa exista, pero no como decimos que existe en potencia. Decimos que existe en potencia, por ejemplo, el Hermes en la madera y la semirrecta en la recta entera, ya que podría ser extraída de ella, y el que sabe, pero no está ejercitando su saber, si es capaz de ejercitarlo. Lo otro, por su parte, (decimos que está) en acto. Lo que queremos decir queda aclarado por medio de la inducción á partir de los casos particulares, y no es preciso buscar una definición de todo, sino que, a veces, basta con captar la analogía en su conjunto: que en la relación en que se halla el que edifica respecto del que puede edificar se halla también el que está despierto respecto del que está dormido, y el que está viendo respecto del que tiene los ojos cerrados, pero tiene vista, y lo ya separado de la materia respecto de la materia, y lo ya elaborado respecto de lo que está aún sin elaborar. Quede el acto separado del lado de uno de los miembros de esta distinción y lo posible o capaz, del otro.[81]

Defensa aristotélica del acto y la potencia[82]

La escuela de los megáricos *(circa.* 400 -*circa* 300 AC.) fundada por Euclídes de Mégara, es una de las llamadas escuelas socráticas. Sin embargo, a la influencia de Sócrates hay que agregar otras, especialmente la de los eleatas. Característico de su pensamiento fue la siguiente idea metafísica: solamente puede hablarse del ser en tanto que ser actual; de lo potencial (o de lo futuro) no puede enunciarse nada. Esta idea está relacionada con sus argumentos contra el movimiento y la generación.

Entre los megáricos mencionamos al fundador Euclides de Mégara, amigo de Sócrates; a su discípulo Ichtias, de quien no se han conservado obras ni recuento de doctrinas; a Eubúlides de Mileto; al discípulo de éste, Filón de Mégara; a Estilpón de Mégara, maestro de Zenón de Citio, el fundador de la escuela estoica, y de Brisón, que parece haber sido maestro de Pirrón y haber transmitido influencias megáricas al escepticismo.[83]

Sólo en *Metafísica* Libro IX, capítulo 3 hace Aristóteles una apelación expresa a los megáricos. En tal sentido, se apoya en la experiencia. Sus oponentes en la lógica estricta que no hace referencia a la experiencia. Aristóteles remite a la lógica en tanto tributa a la realidad ontológica.

Nos sugiere que los megáricos sobresalen entre quienes afirman, haciendo de la potencia y el acto lo mismo, que sólo hay potencia cuando hay acto y que cuando no hay acto no hay potencia. Dicen, por ejemplo, que puede construir cuando construye, pero no cuando no construye el que construye (Cf. *Metafísica*, IX 3, 1046b 29-32 y 1047a 17-24). Tras exponer los absurdos en los que deriva esta posición, concluye Aristóteles, con la evidencia ganada en la refutación negativa, que la potencia y el acto son cosas distintas, añadiendo que confundirlas es eliminar algo no poco importante. Sin embargo, posteriormente, no explicitará concretamente de qué se trata ese "algo no poco importante".

Distinción real entre acto y potencia- esencia y existencia

Entre acto y potencia hay una distinción real. Toda efectiva composición en el ente creado se basa en el acto y la potencia, porque sin ellos no es posible ninguna multiplicidad ni pluralidad. **Santo Tomás sostiene que entre esencia y existencia también hay una distinción real.**

Esta doctrina de la distinción real aplicada a la dupla esencia-existencia ha tenido fuertes opositores que van desde Averroes hasta Suárez, pasando por Sigerio de Brabante, Enrique de Gante, el ocamismo y el averroísmo posterior latino.

Aplicando la distinción real a Dios y a las creaturas en relación a la dupla esencia-existencia, como principios constitutivos del ente, puede considerarse:[84]

1-Dios es *esse a se, esse necessarium, actus purus*, ser absoluto por su propia esencia y no puede recibir de otro la existencia. No es un ente. En Él, esencia y existencia no son realmente diversas. Son idénticas. Dios excluye toda potencialidad.

2-Completamente diferente es lo que sucede con las creaturas. En este caso, hay distinción real entre la esencia actualizada y la existencia que la actualiza, porque:

2.1-La esencia actualizada recibió la existencia de otro. Hay una causa eficiente que explica la existencia de la esencia; que explica la recepción del *esse* por parte de la *essentia*. Tiene ser, pero no es ser como lo es Dios. La esencia sólo como receptora es poseedora de la existencia, y ésta es lo poseído o recibido. Ahora bien: el poseedor y receptor es a lo poseído y recibido como el acto a la potencia. La existencia (o acto de ser) es a la esencia como la potencia al acto.

2.2-*Sólo así puede fundamentarse la creatura como ens contingens frente a Dios como esse necessarium. También la esencia actualizada por la existencia es un ens contingens, que, a pesar del acto y durante el acto que este ser contingente posee, por su naturaleza puede al mismo tiempo no ser, porque, si no, sería a su vez un ens necessarium. Por tanto, al mismo tiempo que posee el acto, posee también la potentia passiva de no ser, y, por consiguiente, está necesariamente compuesto de acto y potencia.*

2.3-Sucede con la esencia-existencia lo mismo que con la dupla materia-forma o la dupla acto-potencia: la pareja esencia-existencia no es separable, aunque esencia y existencia son realmente distintas, dos realidades diversas que componen, junto con acto-potencia y materia-forma, a la cosa. No son dos cosas: son dos principios constitutivos de la cosa (ente), distintos el uno del otro y entre sí de la cosa (ente) mas inseparables en su consideración respecto de ésta.

3-Desde Boecio se utilizó la célebre fórmula *quod est et quo est:* la esencia actualizada es efectivamente lo que es, *id quod est;* y la existencia, aquello en virtud de lo cual la esencia es actualizada, *quo est.*

4-Consideración especial merecen el alma humana y los ángeles. Ambos son formas simples. No hay composición de materia y forma. Son absolutamente inmateriales. En ellos, la forma es la esencia. Sin embargo, hay composición de acto y potencia; de esencia y existencia. Ambas tienen un ser recibido. *Mas, por cuanto son creadas y no tan simples como Dios, están siempre en potencia para la existencia, y, por consiguiente, constan también de acto y de potencia.* Son formas pero no actos puros, como Dios. *Lo que en el Aquinate da a la distinción real entre esencia y existencia un carácter eminentemente metafísico es el principio: esencia y existencia dividen el ser en cuanto tal, dividunt ens commune. Por tanto, según él, la distinción real pertenece al reino absolutamente metafísico.*

8. LA POTENCIA

La potencia es un principio metafísico constitutivo del ente finito, y como tal es principio también del movimiento y cambio de los entes. Las nociones de acto y potencia se descubren, como ya vimos, en la observación del cambio; de ahí que las descripciones que Santo Tomás hace de la potencia se refieran más que nada al movimiento. Pero la potencia no es simplemente un principio del movimiento sino un principio del ente finito.[85]

En el libro V de la *Metafísica*, Aristóteles se aproxima a definir la potencia:

Se llama "potencia" o "capacidad" (a) el principio del movimiento o del cambio que se da en otro, o bien en lo mismo que es cambiado, pero en tanto que otro: por ejemplo, el arte de edificar es una potencia que no se da en lo que es edificado, mientras que el arte de curar, siendo potencia, puede darse en el que es curado, pero no en tanto que es curado. (...) (b) Además, la capacidad de realizar algo perfectamente, o según la propia intención. A veces decimos, desde luego, que no son capaces de hablar o de andar quienes meramente hablan o andan sin hacerlo perfectamente a como querrían. Y de modo semejante en el caso del padecer. (c) Se llaman, además, potencias todas aquellas cualidades poseídas por las cosas en cuya virtud éstas son totalmente impasibles o inmutables, o no se dejan cambiar fácilmente para peor. Y es que las cosas se rompen, se quiebran, se doblan y, en general, se destruyen, no por su potencia, sino por su impotencia y porque les falta algo. Por el contrario, son impasibles aquellas cosas que padecen difícilmente, o apenas, en virtud de su potencia, en virtud de que son potentes y poseen ciertas cualidades.[86]

Estas nociones, si bien aparentemente desconectadas o un tanto confusas respecto de nuestro propósito, tienen algo en común: todas dicen relación con el movimiento y el cambio. Inmediatamente agrega:

Puesto que "potencia" o "capacidad" se dicen en todos estos sentidos, "potente" o "capaz" se dirá: (...) en un sentido, de lo que posee un principio del movimiento o del cambio que se da en otro, o bien en lo mismo que es cambiado, pero en tanto que otro (también lo que es capaz de producir el reposo es algo potente).[87]

Finalmente, sintetiza todo lo anterior llegando a la conclusión más importante para nuestro objetivo:

Así pues, la definición principal de la potencia, en su sentido primario, será: principio productor de cambio en otro o en ello mismo, pero en tanto que otro.[88]

En los dos primeros capítulos del Libro IX de la *Metafisica*, Aristóteles caracteriza la potencia como aquella realidad de los entes que permite el acto, sea en cuanto lo produce ("potencia de hacer"), sea en cuanto lo recibe ("potencia de padecer").

La potencia es una noción analógica. Es, como acabamos de comprobar, difícil definirla, pero fácil captarla mediante ejemplos, distinguiéndola de lo que no es.

La potencia determina la noción de acto, porque la noción de acto- como todas las que nuestro intelecto aprehende- procede de la observación de los entes, y los entes del universo son criaturas de Dios, y por tanto finitos: su actualidad no es plena, está limitada por una potencia.[89]

Corresponde distinguir la potencia de la posibilidad.

Una tergiversación total del pensamiento aristotélico sería la eliminación o reducción de la potencia en favor de cualquier otro concepto o realidad. De entre las diversas interpretaciones reductivistas del pensamiento del Estagirita, hay una que ha aparecido repetidamente a lo largo de la historia y que se resiste a ser desechada, a pesar de que Aristóteles la rechazó explícitamente. Me refiero a la reducción de la potencia a posibilidad. Posibilidad que está vinculada esencialmente a la facticidad, a la mera realización temporal, y, por esto, se presenta como efectividades o actos que aún no son pero que serán.[90]

Es en los capítulos 3 y 4 del Libro IX de la *Metafísica*, en donde Aristóteles introduce las nociones de posible e imposible. Ambas se distinguen de la de potencia e impotencia, pero dependen de ellas. Caracteriza lo imposible como *lo que está privado de potencia*; o sea, aquello a lo que no corresponde en la realidad ninguna potencia a partir de la cual surja. *Algo es posible si, por tener el acto de aquello que se dice que tiene la potencia, no surge nada imposible.* De modo que los dos elementos que caracterizan a lo posible son: 1.Tener una potencia a partir de la cual o en la cual pasar al acto. 2.Que ese acto no sea contradictorio con lo existente, es decir, que no haya algo que lo impida. Un ejemplo que ofrece Aristóteles: es posible que de esta semilla surja un árbol, si nada lo impide. Lo que una potencia exige de suyo es su realización. Los impedimentos son algo circunstanciales, no esenciales a la potencia.[91]

El ente en potencia y el ente posible están ambos ordenados a la existencia: pueden existir. Pero de hecho ninguno de los dos existe por el momento. El ente posible tiene una realidad de objeto pensado, de pura realidad mental, en el espíritu de aquel que lo concibe, y, fundamentalmente, en la inteligencia divina. El ente posible es, por lo tanto, aquello que, no implicando contradicción, está en estado de ser actualizado por la potencia. El ente en potencia, por el contrario, pertenece a la realidad extramental. Está en la realidad de un ente concreto mas como proyecto. El ente en potencia no debe ser imaginado como si envolviera de manera oculta el acto que le corresponde: lo potencial no es lo implícito.

El término **posible** tiene dos significados metafísicos:[92]

1.**Posible como lo opuesto a lo necesario**. Este primer sentido se identifica con el de contingente y no es por lo tanto el más propio. Atendiendo a esta acepción, se dicen posibles aquellas cosas que pueden ser o no ser.

2.**Posible como lo opuesto a lo imposible**. Es su sentido estricto. Cabe distinguir que algo sea posible:

2.1.**En sí mismo.** Es posible en sí mismo y de una manera absoluta todo aquello que tiene razón de ente. Es imposible en sí mismo y de manera absoluta lo contradictorio, pues la afirmación y la negación simultánea de lo mismo no puede tener razón de ente ni de no ente. Este tipo de posibilidad fundada en la realidad del ente y el principio de contradicción, equivale en Lógica al llamado *posible lógico,* en el cual el predicado no repugna al sujeto.

Lógica o internamente posible es todo aquello que no contiene ninguna contradicción lógica interna, es decir, que se puede pensar como ente, mientras que su contrario ni siquiera puede ser pensado, y, en consecuencia, tiene que ser necesariamente falso.[93]

Este tipo de posible **en sí mismo**, sólo puede ser objeto de la omnipotencia divina. Nunca de un ente creado finito. Sólo Dios puede hacer posible algo sin la potencia pasiva correlativa. Dios creó el mundo sin que le precediera ninguna potencia pasiva por parte del mundo. Lo creó de la nada.

2.2.**Según una potencia activa o pasiva.** Algo es posible en este caso según se posea o no la capacidad real de recibir o de obrar un determinado acto o perfección.

La confusión de acto-potencia con posibilidad-realización, proviene de entender la potencia como algo meramente lógico, y el acto, con el resultado de tener el acto. El acto y la potencia son principios constitutivos del ente corpóreo finito y del ente espiritual. No hay sustancia sin estos principios. Son principios reales no meramente lógicos. No hay realidad sin acto y sin potencia.

Hay que precaverse para no confundir lo que aquí se llama potencia del ser con una pura y simple posibilidad lógica. El posible lógico es el que no envuelve contradicción: condición verdaderamente negativa; y el ser en potencia abarca una dosis de realidad que, a pesar de ser imperfecta, no es menos positiva.[94]

La potencia se puede concebir positivamente aprehendiéndola de manera analógica en casos particulares. La estatua está en potencia en el mármol que aún no ha sido tallado; la inteligencia está en potencia mientras no piensa efectivamente, etc. En todos los casos lo común en el estado de potencia es estar en orden al acto:

Potentia dicitur ad actum [95]

Esta fórmula expresa lo que hay de más profundo en la noción de potencia. Existe entre la potencia y el acto una relación, Podemos decir que se trata de una relación de un estado de imperfección (potencia) a un estado de perfección (acto). La estatua terminada es perfecta; en el bloque de mármol no existía sino en estado imperfecto.

Quien dice potencia dice necesariamente imperfección. Orden al acto, imperfección, tales son los dos caracteres comunes de toda potencia.

Aristóteles, en *Metafísica*, Libro IX, procede según su costumbre por una ordenación analógica de la noción de potencia alrededor de una de sus acepciones que él considera como fundamental: la de **potencia activa**, es decir, de potencia de cambio de otro en cuanto tal. Este concepto remite al de **potencia pasiva**, potencia que hace que una cosa sea transformada por otra en cuanto otra.

Luego distingue las **potencias racionales** y las **potencias irracionales**. Primitivamente, había separado del significado del término las potencias que serian equívocas en relación a las precedentes, las que, por ejemplo, se encuentran en geometría.

Teniendo en cuenta los aportes aristotélicos señalados y el posterior desarrollo realizado por la Escolástica, los autores tomistas suelen clasificar la potencia de la siguiente manera:

> 1-La potencia propiamente dicha o **potencia subjetiva**
>
> 2-El posible o **potencia objetiva**

La **potencia subjetiva** se divide en:

1-Potencia activa. Se refiere al principio de la actividad en el agente que trae el ente a la existencia. Puede ser:

1.1.Potencia activa increada.
1.2.Potencia activa creada. Que a su vez se divide en:
1.2.1.Potencia racional. Es inmanente al agente.
1.2.2.Potencia irracional. Proviene de una acción de suyo transitiva.

2-Potencia pasiva. Es la aptitud que tiene una cosa para ser transformada en otra. Es el poder pasivo (paciente), que llega a ser por la actividad del agente. La potencia pasiva en tanto principio del ente creado, es un principio intrínseco a la cosa. Es propio de la potencia pasiva desempeñar un papel de sustento del acto. La potencia está debajo (*substare*) del acto.

La casa, antes de ser construida, podía ser construida: ella en sí misma lo podía, de parte de la receptividad de su materia y por la aptitud de los materiales empleados; y también lo podía de parte del constructor que ha puesto sus materiales en juego para realizar su idea. Y así sucede en todas las cosas.[96]

La potencia pasiva se divide a su vez:

En relación al agente:

2.1.Potencia natural. Se refiere a un agente que le es inmediatamente proporcionado.
2.2.Potencia obediencial. Se refiere a un agente trascendente. Especialmente, la potencia divina.

En relación al acto:

2.3.Potencia pasiva relativa a un acto esencial (forma sustancial)
2.4.Potencia pasiva relativa a un acto accidental (forma accidental).

La capacidad de recibir la forma sustancial es la capacidad de recibir el acto primero y es, en consecuencia, la única que no presupone nada. Toda otra capacidad o potencia de una forma accidental, de un acto de ser, de una operación, presupone ya la forma sustancial. **La potencia en orden a recibir la forma sustancial es pura potencia y se llama materia prima**. Es la potencia en su misma esencia, según Santo Tomás. Se aparta de la metafísica tomista quien concede algún grado de actualidad a la materia prima.[97]

El ente potencial todavía no es en sí. De lo contrario, sería ya acto.

El ente potencial todavía puede ser y no ser. Con relación al acto, es todavía un no ser. Sin embargo, no puede afirmarse que no es nada, puesto que es en otro en cuanto a la disposición. Atendiendo a su capacidad real, es ya de tal modo que, sin un obstáculo externo, puede devenir. Esta es la capacidad a la que llamamos potencia pasiva.

A la potencia pasiva, Santo Tomás la denomina *principium patiendi ab alio*.[98] Esta definición contiene tres elementos importantes:[99]

1-*Principium*. Es una aptitud, capacidad o disposición para una nueva manera de ser. Vgr en el mármol descubrimos la disposición para una estatua, disposición que no se da en el agua. Esta disposición puede ser para la mutación en general o para la mutación en particular; para un estado del ser más perfecto o para un estado de ser empeorado; puede estar ordenada a una mutación meramente accidental, local, cuantitativa o cualitativa, o bien estar ordenada a la mutación del sujeto mismo. Tengamos presente que cualquier cambio sustancial tiene a la materia prima como potencia pasiva de todas la mutaciones corpóreas. Dos elementos son fundamentales con relación a esta potencia pasiva:

a-**El devenir de todo ente supone que todavía no es lo que deviene.** Es decir: supone la privación del acto, de la forma de aquello que deviene. Santo Tomás denominó a esta parte negativa de la potencia pasiva *carentia formae in eo quod est in potentia ad formam.*[100] A su vez, Aristóteles en I *Física* 9, II, 259, 18 enseña que lo que deviene, deviene de la privación, de aquello que todavía no tiene ser en sí.

b- **Aunque el ente posible todavía no es aquello que puede devenir**, sí es ya en la potencia pasiva en cuanto a la aptitud, es decir, el ente es como principio o comienzo de aquello que puede devenir. Por tal motivo, Santo Tomás lo llama *principium.*

2-*Patiendi*. Padecer y ser pasivo, significan en Aristóteles el poder recibir de otro no sólo actividades, sino también nuevas maneras de ser, tanto accidentales como sustanciales. Cualquier ente devenido tanto si es sustancia como si es accidente, es aquí un ente pasivo, que recibe y tiene de otro el ser y el ser activo. Significa también que el ente es apto no sólo para recibir una perfección, sino también para perder una que se posee, vgr para enfermar, morir, perecer.

3-El motor y lo movido. Estamos ante este caso: o bien son dos sujetos diversos, y entonces el ser movido viene de otro; o bien están ambos en el mismo sujeto, como sucede en el movimiento propio, en el cual el mismo sujeto es activo y pasivo. Pero tampoco en este caso puede la parte motriz del sujeto identificarse con la movida, puesto que la ultima, como *ens potentiale*, es un no ser, mientras que la primera, como motriz, es un ser. Ahora bien: una misma cosa no puede, al mismo tiempo, ser y no ser. Por eso Aristóteles dice que *lo que es movido es movido por otro, o en cuanto que es otro.*

La potencia pura o materia prima no puede darse sin ninguna forma: su realidad le viene precisamente de la participación del acto formal. Hacer una materia sin forma resulta contradictorio y, por tanto, imposible. **La potencia pura es mera pasividad**. De ella no procede acción alguna. Es pura capacidad receptiva de formas. La materia prima es algo completamente indeterminado y, por tanto, en potencia a todas las formas. En su consideración mental, está privada de todas; en su consideración real está siempre bajo una forma, pero permanece la potencia y por tanto la privación de todas las demás. Es decir: está en potencia de ser todas las formas.

Potencia y privación

No debe confundirse la potencia con la privación. Al respecto, privación se dice en muchos sentidos:

Se dice que hay "privación", 1-En un sentido, cuando se carece de alguno de los atributos que se poseen por naturaleza, aun cuando al que carece de él no le corresponda naturalmente poseerlo: en este sentido se dice que la planta está privada de ojos. 2-En otro sentido, si carece de algo que naturalmente le corresponde, a él o a su género poseer: así, el hombre ciego y el topo están privados de la vista de maneras distintas, aquél por sí mismo y éste en cuanto género. 3-Además, si carece de algo que le corresponde poseer en el momento en que naturalmente le corresponde poseerlo: la ceguera es, desde luego, un tipo de privación, pero no se es ciego a todas las edades, sino solamente en aquella edad en que a uno le corresponde tener vista, si se carece de ella. Y de modo semejante, si se carece de ella "en" lo que, "respecto de" lo que, "en relación con" lo que y "del modo" en que corresponde naturalmente poseerlo. 4-Además se llama privación la sustracción violenta de cualquier cosa. [101]

Es decir: en sentido amplio, privación es la carencia de algo, tal como reafirma Aristóteles en el Libro IX capítulo 1 *ab initio* de la *Metafísica*. En sentido estricto, es la carencia de una perfección que por naturaleza corresponde a un ente o que un ente por naturaleza puede poseer.

De modo que privación no es potencia. Mas el sujeto de la privación es el ente en potencia: la carencia de una perfección se dice privación en tanto que el sujeto estuviese en potencia de poseerla. Considerada en sentido estricto, supone la potencia pero no se identifica con ella. La privación hace referencia únicamente al no poseer lo que se puede poseer. No incluye la positiva capacidad de poseer, propia exclusivamente de la potencia. Cuando la potencia se actualiza, desaparece la privación. Cuando la privación es de la misma potencia, se llama impotencia.

La impotencia, y lo impotente, es la privación contraria a tal potencia, de modo que toda potencia es contraria a una impotencia para lo mismo y respecto de lo mismo. La privación, a su vez, se dice tal en muchos sentidos.[102]

El fin de la potencia

El fin de la potencia es el acto. La forma es acto y el acto es fin.

(...) todo lo que se genera progresa hacia un principio, es decir, hacia un fin (aquello para lo cual es efectivamente principio, y el aquello para lo cual de la generación es el fin), y el acto es fin, y la potencia se considera tal en función de él: desde luego, los animales no ven para tener vista, sino que tienen vista para ver, y de igual modo, se posee el arte de construir para construir, y la capacidad de teorizar para teorizar, pero no se teoriza para tener la capacidad de teorizar, a no ser los que están ejercitándose: y es que éstos no teorizan, a no ser de este modo, o bien, porque no necesitan en absoluto teorizar.[103]

Potencia es capacidad de obrar, de actuar. La potencia no tiene otro fin distinto que alcanzar el acto.

Aristóteles enseña también en *Metafísica*, que el acto es anterior a la potencia: *Que el acto es, ciertamente, anterior a la potencia y a todo principio de cambio, es evidente.*[104]

1-En cuanto a la noción. La noción de acto necesariamente precede a la de potencia; y el conocimiento del acto precede al conocimiento de la potencia. *Es decir, ninguna potencia puede ser conocida o definida sin recurrir a la noción del acto o actividad de que es potencia.*[105] Por eso, dice Aristóteles que es constructor el que puede construir, capaz de ver el que puede ver y visible lo que puede ser visto.

2-En cuanto al tiempo. Lo actual es anterior tratándose de lo mismo en cuanto a la especie, pero no tratándose del mismo individuo.

Quiero decir esto: que respecto de este individuo humano que ya es en acto, respecto del trigo y respecto de alguien que está actualmente viendo, son, en cuanto al tiempo, anteriores la materia, la semilla y el que es capaz de ver, y estos últimos son en potencia, pero no en acto, hombre, trigo y alguien que ve. Sin embargo, anteriores a éstos en cuanto al tiempo hay otras cosas que son en acto, por las cuales son generados éstos. Y es que lo que es en acto se genera siempre de lo que es en potencia por la acción de algo que es en acto, por ejemplo, un hombre por la acción de un hombre, un músico por la acción de un músico, habiendo siempre algo que produce el inicio del movimiento.[106]

Es decir: la prioridad del acto sobre el tiempo no es absoluta. El acto no es anterior a la potencia en todos los sentidos en cuanto al tiempo. Hay un cierto sentido en el que la potencia es anterior al acto según el tiempo; y éste es precisamente el único sentido en el que la potencia es anterior al acto. En efecto, la semilla, que es árbol en potencia, es anterior al árbol en acto.[107]

La anterioridad temporal exige mayor precisión. La semilla (potencia) es anterior al trigo (acto) numéricamente. Pero temporalmente anterior a aquellas potencias son otras cosas existentes en acto, de las cuales se generan aquellas. En una cosa concreta, la potencia es anterior al acto. Pero antes de esa potencia hay un acto de la misma especie. De modo que siempre desde lo existente en potencia es generado lo existente en acto por obra de algo existente en acto.

3-**En cuanto a la naturaleza**.

3.1.En primer lugar: porque las cosas que son posteriores en cuanto a la generación son anteriores en cuanto a la forma específica es decir, en cuanto al ser, a la entidad, a la sustancia. Por ejemplo: el adulto es anterior al niño, y el hombre al esperma: pues lo uno posee ya la forma específica y lo otro, no. En este apartado, Aristóteles se basa fundamentalmente en la prioridad del fin, demostrando que la forma es acto, y el acto es fin. Todo lo que se genera progresa hacia un fin. La potencia se considera en función de este fin. Ya lo hemos dicho más arriba: los animales no ven para tener vista, sino que tienen vista para ver.

3.2.En segundo lugar. Porque las cosas eternas son, en cuanto a su ser, anteriores a las cosas corruptibles y nada que es en potencia es eterno. Es decir, los entes eternos, incorruptibles y en acto, son anteriores a los antes perecederos y afectados de potencialidad.

En *Metafísica* Libro IX, capítulo 7 agrega otro motivo:

4-**En cuanto al conocimiento**. El acto tiene primacía sobre la potencia en el orden del conocimiento. El acto se conoce antes que la potencia, aunque sea de manera confusa. La potencia no puede conocerse sino a través del acto.

9. EL ACTO

Aristóteles llama al acto *energeia*. Creó este término a partir de un adjetivo que significa **obra**.

(...) energeia, (...) no aparece nunca antes de Aristóteles (Cfr. V. Frtiz, Blair, etc.), pudiéndose decir que éste es el que acuña el término.[108]

Del acto en particular, Aristóteles habla casi exclusivamente en el Libro IX capítulo 6 de *Metafísica*. Aquí expone el sentido del ser como acto, que resumimos en los siguientes puntos:[109]

1-El sentido del ser como acto se establece por referencia a la potencia.

2-El acceso al acto no es por la definición (por el género y la especie: por formas) sino *por inducción en los singulares* y *contemplando la analogía*: el acto caracteriza lo singular en tanto singular.

3-El acto es universal en cuanto se encuentra en todos los singulares: es algo universal a todos ellos.

4- Sin embargo no es universal propiamente, pues lo singular es justamente singular por el acto: es decir, el acto se puede llamar universal, pero no común.

5-No es definible, pues la definición es la expresión de una esencia; y el acto no es una forma o esencia común a muchos individuos.

6-Por consiguiente, el acceso al conocimiento del acto es el método analógico.

7-La comparación analógica entre los diversos actos permite establecer un sentido primero de acto respecto al cual se ordenan los demás.

No hay coincidencia entre los autores contemporáneos sobre el significado aristotélico de acto. El acto se resiste a ser definido: no admite distinciones formales dentro de sí según el género y la diferencia. El acto se muestra no como concepto universal, sino más bien en lo singular en tanto que singular.[110]

De la gran cantidad de autores que han estudiado la energeia, sólo unos pocos han descubierto la rica pluralidad de sentidos que tiene. Estos autores son principalmente Monllor, Chung-Hwan, Trepanier, Bonitz y Le Blond. De entre ellos destacan los cuatro primeros. Sus tesis vienen a coincidir en una idea de fondo: energeia tiene tres sentidos: 1)movimiento, kinesis; 2)forma, perfección; 3)operación, acción, obra (ergon), praxis. Estos autores señalan que entelecheia es perfección y forma, y que después pasa a significar también los demás sentidos de energeia.[111]

Aristóteles utiliza por primera vez el término *energeia* como acto en el *Protréptico*, diálogo compuesto hacia el año 353 AC, mientras se encontraba en la Academia. En esta obra distingue entre potencia y acto *(dynamis* y *energeia)* y hace explícitos los diversos sentidos que dará al término.

La noción de acto es análoga. Acto se dice en diversos sentidos.

Estos sentidos de *energeia* o acto son, en principio, tres:[112] [113]

Primer sentido del acto: el movimiento. O *kinesis*. Es el más patente o fácilmente conocido, pero a su vez, el más precario o deficiente. Es un acto esencialmente incompleto o imperfecto, que radica además en un sujeto igualmente inacabado o imperfecto. Santo Tomás dice que por ser el acto un *primum simplex* no se puede definir. Aristóteles añade que *basta contemplar la analogía (…) en los singulares por inducción para entender lo que es el acto, contraponiéndolo a la potencia.* Ahora bien, el Estagirita intentó en *Física* III, 1 una definición y es la siguiente: *es el acto del ente en potencia en cuanto está en potencia.* El fin del movimiento es la sustancia.

Conviene aquí transcribir lo que enseña Santo Tomás al respecto en sus *Comentarios a la Física*:

Se ha de considerar que algo puede estar en acto solamente o en potencia sólo o en una situación media entre la potencia pura y el acto perfecto. Lo que está en potencia solamente todavía no se mueve; lo que ya está en acto perfecto tampoco se mueve, sino que ya se ha movido; lo que se mueve, pues, es lo que está en una situación media entre la pura potencia y el acto, lo que está parte en potencia y parte en acto (...). Este acto imperfecto es el movimiento; no ciertamente en tanto que está sólo en acto, sino en tanto que existiendo ya en acto está ordenado a un acto ulterior; porque si se quitara el orden a un acto ulterior, aquel mismo acto, por muy imperfecto que fuese, sería término del movimiento y no movimiento (...). Y de igual modo, si el acto imperfecto se considerara sólo en cuanto ordenado a un acto ulterior, o sea, en cuanto tiene razón de potencia, no tendría ya razón de movimiento, sino de principio del movimiento. Así, pues, el acto imperfecto tiene razón de movimiento tanto porque se compara como potencia a un acto ulterior, como porque se compara como acto a algo menos perfecto. De donde ni es potencia de un existente en potencia, ni es acto de un existente en acto, sino que es el acto de un existente en potencia. De suerte que por la expresión "acto" se designa el orden del movimiento a la anterior potencia, y por la expresión "de un existente en potencia" se designa el orden de él al acto ulterior. Por eso Aristóteles definió el movimiento del modo más conveniente al decir que es "la entelequia", o sea, "el acto" del existente en potencia en tanto que tal.[114]

Tanto para Aristóteles como para Santo Tomás, el movimiento es análogo. No se encierra en ninguna de las categorías conocidas.

El movimiento es un acto, aunque imperfecto o incompleto. Es además el acto más patente. Lo captamos de inmediato en las cosas sensibles que nos rodean.

El movimiento como acto nos remite a otros actos. En efecto, todo movimiento tiene un origen y un término.

Ahora bien, que el acto aparezca de modo patente en el movimiento no significa que acto se reduzca a movimiento: "el acto se extiende más allá de las cosas que se dicen según el movimiento". "No sólo hay acto del movimiento, sino también de la inmovilidad". El movimiento es sólo acto imperfecto: y es imperfecto, añade Aristóteles, porque uno no se mueve y ha llegado al término del movimiento. Hay una distancia entre movimiento y término de movimiento; y tal distancia es su imperfección.[115]

El origen del movimiento, por su parte, es doble: hay un origen pasivo o material y un origen activo o eficiente.

En cuanto al término el movimiento apunta a una cierta perfección que trata de alcanzarse: es la forma o el fin. Ahora bien: el término del movimiento es también un cierto acto, un acto completo, al menos relativamente. Es la consumación del acto incompleto en que el movimiento consiste; y por eso a la forma y al fin (que son el término del movimiento) se les aplica también el nombre de acto.

Por otro lado, el origen activo del movimiento es también un acto, pues toda la actualidad del movimiento y del término del mismo tiene que encontrarse contenida de alguna manera en su causa. Por eso también se llama acto a la acción y al principio de la acción, es decir, al agente.

Concluyendo: la palabra acto, si bien tomada del movimiento, se extiende luego a significar al agente, a la acción, a la forma y al fin.[116]

Segundo sentido del acto: la *entelechia*. *Entelequia* es un término creado por Aristóteles. Significa sustancia *(ousia)* en tanto condición de término de la potencia y del movimiento, es decir, la *energeia* plenamente actuada, terminada, llegada a su fin. Su aparición hay que situarla en el momento en que Aristóteles rompe con la Teoría platónica de las Ideas, antes del abandono de la Academia (348 AC). *Energeia* y *entelechia* aparecen en muchos casos intercambiados. Lo concreto es que en muchos pasajes del *Corpus aristotélico*, el término *entelechia* sustituye a la palabra *energeia* y asimila sus mismos significados.

Tercer sentido del acto: la acción. Históricamente es el primero que surge en el pensamiento de Aristóteles. Este tercer sentido del acto presenta un movimiento que posee su propio fin. No es el movimiento que termina en la sustancia sino el movimiento que realiza su propio fin. Por tanto se trata de un sentido de actividad superior al de la realidad física. Por eso surge en el ámbito de los seres vivos, y sobre todo en la esfera del conocimiento y la conducta. Esta superioridad es importante destacarla. Tiene dos dimensiones: la acción propiamente dicha y la operación. Enseña al respecto Santo Tomás:

La acción es de dos tipos: una, que pasa a la materia exterior, como calentar y cortar; otra, que permanece en el agente, como entender, sentir y querer. La diferencia entre ellas es la siguiente: la primera acción no es perfección del agente que mueve, sino de lo movido mismo; en cambio, la segunda acción es perfección del agente.[117]

Y en *De Veritate* q. 8, a. 6:

Hay dos tipos de acción: una que procede del agente hacia una cosa exterior a la que trasmuta, y ésta es como iluminar y se llama propiamente acción; otra acción hay que no procede hacia una cosa exterior, sino que descansa en el mismo agente como perfección suya, y esta es como lucir, y se llama propiamente operación.[118]

El primer tipo de acción, pues, es la llamada acción transitiva o física y predicamental. Es el principio activo del movimiento. Se la puede definir como el ejercicio de la causalidad eficiente. Se la llama transitiva porque consiste esencialmente en la producción de un efecto exterior y distinto de ella. Sucede fuera del **agente**, produciendo un efecto exterior que recae en otro sujeto como receptor, llamado **paciente**. Recordemos aquí lo visto en

Introducción a la Metafísica Tomista IV sobre las categorías de acción y pasión.

El segundo tipo de acción es la acción inmanente, también llamada operación. Su diferencia con la acción transitiva es clara. En la acción transitiva existen tres elementos a considerar: agente, acción y paciente. La acción pasa del agente al paciente. En la operación sólo tenemos dos elementos: agente y acción. Ésta no pasa a paciente alguno, sino que recae sobre el propio agente.

Los dos modos característicos de la acción inmanente u operación son el conocimiento y la volición. La apetición sensible es una pasión.

De suerte que la primera significación del acto sería el movimiento, y de aquí se aplicaría a la causa del movimiento, o sea, a la acción, y últimamente al término del movimiento, que es la forma. Por su parte, la forma puede considerarse, ya como fin del movimiento y de la acción, ya como principio de ambos, pues ciertamente lo que ha alcanzado alguna actualidad o forma puede a su vez comunicar a otros esa actualidad suya, constituyéndose en principio de una nueva acción y un nuevo movimiento.[119]

Pero existe un cuarto sentido de acto, y éste es el ser. En efecto, todos los sentidos de acto mencionados se comportan respecto del ser como lo posible a lo actual. Y esto tanto respecto del ser real como del ser mental. Santo Tomás enseña:

El ser se compara a todo como acto. Nada tiene, en efecto, actualidad sino en cuanto es. De donde el mismo ser es la actualidad de todas las cosas e incluso de las mismas formas. Y así no se compara a lo demás como el recipiente a lo recibido, sino más bien, como lo recibido al recipiente.[120]

Enseña Santo Tomás:

Respondo que, para aclarar el punto en cuestión, debemos observar que hablamos de potencia en relación con el acto. Ahora bien, el acto es de dos tipos: el primer acto, que es una forma, y el segundo acto, que es la operación. Aparentemente, la palabra "acto" se empleó inicialmente en el sentido de operación, y luego, en segundo lugar, se transfirió para indicar la forma, en la medida en que la forma es el principio y el fin de la operación. Por lo tanto, de manera similar, la potencia es de dos tipos: la potencia activa que corresponde a ese acto que es la operación, y aparentemente fue en este sentido que se empleó por primera vez la palabra "potencia", y la potencia pasiva, que corresponde al primer acto o la forma, a la que aparentemente se le dio posteriormente el nombre de potencia. [121]

La noción de acto indica de suyo perfección. Se llama perfecto a lo que está en acto. Para que algo sea real debe ser acto o participar del acto.

El término castellano acto viene del latino actus, del verbo agere. Primordialmente significa acción (...) Pero también puede significar lo que, mediante la acción, resulta hecho, acabado, logrado; como, por ejemplo, después de la acción por la que un cuerpo se traslada, tiene éste el acto de encontrarse ocupando un determinado lugar. [122]

Conocer algo como acto permite decir no sólo que es tal o cual, sino que además existe. Las cosas que no existen pueden ser pensables; pero no existen, porque no existen en acto. [123]

Es perfecto aquello a lo que no le falta nada de lo que le corresponde. Esto se puede dar en un doble ámbito dentro de las criaturas:

-**Puede hacer referencia a la sustancia**. O perfección primera. Es aquel acto por el que una sustancia puede decirse perfecta, es decir, subsistente. Por ejemplo, la forma sustancial.

-**Puede hacer referencia al fin**. O perfección segunda. Es aquel acto (operación) mediante el cual una sustancia alcanza su fin, que es distinto a ella misma.

El acto es el ser algo (ente) devenido, al cual estaba ordenado el ente potencial como a su perfección. El acto es la efectuación del ser (ente) real posible al ser (ente) actual. De modo que son correlativos: lo potencial es potencial en cuanto aptitud para el acto, y el acto es su efectuación. Por consiguiente, el acto es analógicamente diverso, según la diversidad de la potencia que es efectuada. En conclusión:

1-El ser potencial y el actual son diversos. El primero no es más que la disposición para aquello que el segundo es actualmente.

2-Potencia y acto se oponen incluso contradictoriamente en cierto sentido, en cuanto que se enfrentan mutuamente como ser y no ser de la misma cosa. De aquí nació el axioma aristotélico: **una misma cosa nunca puede estar, desde el mismo punto de vista, en acto y en potencia.** Esta fue también la razón en que se basó Aristóteles para afirmar que todo lo que es movido tiene que ser movido por otro.

3-Lógicamente resultó de aquí este otro axioma: **al ser potencial no le corresponde ninguna actividad, puesto que todavía no es.** Activo sólo puede serlo un ser actual.

4-El acto en sí es siempre más perfecto y mejor que la potencia. Por eso en lo malo es también peor que ella. Esto lo expresó Santo Tomás con la siguientes palabras: *Actus semper superat potentiam in bono et in malo.*[124]

Sólo el Creador es Acto puro subsistente y carece de toda potencia. Las criaturas son entes compuestos de acto y potencia, que se dicen en acto con respecto a una determinada perfección si la poseen, y en potencia si no la poseen todavía pero tienen la capacidad real de poseerla. El camino que se recorre desde lo máximamente real a lo mínimamente real, es el camino que va de Dios, que es esencialmente acto, a la materia prima, que es esencialmente potencia.

Como ya dijimos anteriormente, el acto es en el orden de la naturaleza anterior a la potencia. Todo lo que es en acto, lo es por participación de la plenitud de acto, es decir, del Acto Puro o Dios. Pero todo lo que es en potencia no lo es por participación de la potencia pura o sea, la materia prima, sino por su ordenación al acto. Sólo las perfecciones son participables; el sujeto de una perfección, como tal sujeto receptivo, es imparticipable. El Acto Puro (Dios) ya no es perfección en sentido de que perfecciona a algo, sino en el sentido de absoluta imperfeccionabilidad.

La noción plena de acto corresponde a Dios. Sólo Él es realidad perfectísima carente de cualquier potencia. Conocemos primero a los entes creados y luego al Creador, a quien nos elevamos por método analógico desde las criaturas. Por ello, la primera noción de acto corresponde a los actos propios de los entes creados: son actos imperfectos, limitados por una potencia. No hay nunca una noción de acto que no sea captada conjunta y simultáneamente con la de su potencia propia.

A MODO DE EPÍLOGO

1-¿Qué es la Filosofía de la Naturaleza?
La Filosofía de la Naturaleza es una disciplina que se sumerge en la realidad para comprender la esencia y el comportamiento de los seres naturales.

2-¿Cuál es el origen de la Filosofía de la Naturaleza?
El origen de la Filosofía de la Naturaleza se remonta a los primeros filósofos que exploraron la generación, la corrupción y el movimiento perceptible por los sentidos.

3-¿Qué postura tiene Aristóteles sobre la existencia de la naturaleza?
Aristóteles sostiene que la existencia de los seres naturales o la naturaleza misma es evidente y no necesita ser demostrada.

4-¿Cómo se define la naturaleza según Aristóteles?
Según Aristóteles, la naturaleza es un principio y causa de movimiento y de reposo para la cosa en la cual reside inmediatamente y a título de atributo esencial y no accidental.

5-¿Qué implica que la naturaleza sea un principio de movimiento?
Implica que la naturaleza está intrínsecamente ligada al concepto de cambio y movimiento en el mundo.

6-¿En qué se diferencia la naturaleza del arte?
La naturaleza se diferencia del arte en que los seres naturales tienen una especie de autonomía en su desarrollo y funcionamiento, que no se limita a la influencia de una mente o un diseñador externo.

7-¿Qué significa eliminar la causalidad accidental en la definición de la naturaleza?
Significa que cuando algo ocurre en virtud de la naturaleza, no es un accidente sino que es intrínseco y esencial para ese ser.

8-¿Qué conceptos clave se deben explorar para comprender la Filosofía de la Naturaleza?

Dos conceptos clave son *quod* y *quo*. *Quod* se refiere al objeto formal de una ciencia en cuanto a "lo que es" o "aquello que" es estudiado por esa ciencia, mientras que *quo* se refiere a "aquello mediante lo cual" o "a través de lo cual" se estudia el objeto.

9-¿Cuál es el objeto material de la Filosofía de la Naturaleza?

El objeto material de la Filosofía de la Naturaleza son todos los cuerpos naturales sensibles y sujetos al movimiento.

10-¿Cuál es el objeto formal *quod* de la Filosofía de la Naturaleza?

El objeto formal *quod* de la Filosofía de la Naturaleza es el ser móvil, es decir, el ser natural dotado de movimiento sensible y sucesivo o movimiento físico.

11-¿Cómo se diferencia la Física Moderna de la Filosofía de la Naturaleza en términos de enfoque?

La Física Moderna se centra en el ser medible, mientras que la Filosofía de la Naturaleza se enfoca en el ser móvil.

12-¿Cuál es el objeto formal *quod* de la Física Moderna?

El objeto formal *quod* de la Física Moderna es el ser medible, como el calor medido por un termómetro.

13-¿En qué se basa la Física Moderna para establecer leyes y teorías?

La Física Moderna se basa en la observación y la experimentación para establecer leyes y teorías que expresan relaciones algebraicas entre diferentes medidas variables.

14-¿Cuál es el objeto formal *quod* de la Filosofía de la Naturaleza?

El objeto formal *quod* de la Filosofía de la Naturaleza es el ser móvil, que actúa como la fuente primaria del movimiento, ya sea sustancial o accidental.

15-¿Cómo se distingue la Filosofía de la Naturaleza de la Física en términos de método?

La Filosofía de la Naturaleza es demostrativa y una ciencia en el sentido estricto, basándose en la demostración *a posteriori* para establecer sus principios, mientras que la Física Moderna utiliza la observación y la experimentación.

16-¿Qué objeto material comparten la Filosofía de la Naturaleza y la Física?

Ambas disciplinas comparten el mismo objeto material: los cuerpos naturales.

17-¿Depende la Filosofía de la Naturaleza de la Física para formular sus principios?

No, la Filosofía de la Naturaleza establece sus propios principios a partir del movimiento, que es una realidad que se experimenta en la vida cotidiana.

18-¿Qué función ejerce la Filosofía de la Naturaleza en relación con la Física?

La Filosofía de la Naturaleza reflexiona sobre los principios, el método y las teorías de la ciencia experimental y compara sus conclusiones con las afirmaciones de la Física, lo que permite una comprensión más completa de ambas disciplinas.

19-¿Cuál es uno de los principales objetivos de la ciencia?

Uno de los principales objetivos de la ciencia es la investigación de las causas de las cosas, en línea con el principio *cognitio rei per causam* (conocimiento de la cosa a través de sus causas).

20-¿Qué falta en la filosofía contemporánea?

La filosofía contemporánea a menudo descuida la investigación profunda de los fundamentos de la realidad física, revelando una falta de interés en la cosmología y en la investigación de las causas internas de las cosas.

21-¿Cuál es uno de los sistemas principales que abordan los principios constitutivos de los cuerpos?
Uno de los sistemas principales es el Sistema Atomístico.

22-¿Quiénes fueron algunos de los pensadores antiguos asociados con el Sistema Atomístico?
Los pensadores antiguos asociados con el Sistema Atomístico incluyen a Leucipo, Demócrito y Epicuro.

23-¿Cuál es la idea central del Sistema Atomístico sobre la composición de los cuerpos?
El Sistema Atomístico propone que los cuerpos están compuestos por corpúsculos diminutos llamados átomos.

24¿Qué características se atribuyen a los átomos según el Sistema Atomístico?
Los átomos se atribuyen diferentes características en términos de figura, extensión y movimiento.

25-¿Cuál es una crítica común al Sistema Atomístico?
Una crítica común es que no explica adecuadamente por qué los átomos individuales son sustancias distintas o por qué los cuerpos deben estar compuestos por cuerpos en lugar de algo distinto.

26-¿Cuál es la idea central del Sistema Dinámico?
El Sistema Dinámico sostiene que los principios de los cuerpos son sustancias simples, inextensas e indivisibles, dotadas de ciertas fuerzas esenciales.

27-¿Quiénes fueron algunos de los pensadores asociados con el Sistema Dinámico?
Los pensadores asociados incluyen a Leibnitz y Kant.

28-¿Qué dificultades se presentan en el Sistema Dinámico?
Se argumenta que el Sistema Dinámico plantea problemas y absurdos, como la distinción entre substancias materiales y espirituales y la formación de extensión física a partir de seres inextensos.

29-¿Qué intenta lograr el Sistema Atomístico-Dinámico?
El Sistema Atomístico-Dinámico busca reconciliar los sistemas Atomístico y Dinámico, reconociendo la existencia de cuerpos simples con una simplicidad relativa y explicando la diversidad de los cuerpos a través de la combinación de estos cuerpos simples.

30-¿Cuál es uno de los sistemas que se basa en la filosofía aristotélica y escolástica?
Uno de los sistemas basados en la filosofía aristotélica y escolástica es el Sistema Aristotélico-Escolástico.

31-¿Cuál es la base filosófica del Sistema Aristotélico-Escolástico en relación con la composición de los cuerpos?
El Sistema Aristotélico-Escolástico se basa en la filosofía aristotélica y sostiene que los cuerpos experimentan mutaciones sustanciales, cambiando de una substancia a otra.

32-¿Qué concepto introduce el Sistema Aristotélico-Escolástico para explicar la composición de los cuerpos?
Introduce el concepto de materia prima, que es una realidad substancial e incompleta capaz de recibir todas las formas substanciales.

33-¿Cuál es el papel de la "forma substancial" en el Sistema Aristotélico-Escolástico?
La forma substancial es el principio determinante y actuante que otorga a la materia su naturaleza específica.

34-¿Cómo aborda el Sistema Aristotélico-Escolástico la cuestión de la diversidad de los cuerpos?

Este sistema argumenta que diferentes substancias materiales tienen formas sustanciales distintas, lo que justifica su diversidad esencial.

35-¿Qué distinción esencial mantiene el Sistema Aristotélico-Escolástico en relación con las substancias materiales y espirituales?

El Sistema Aristotélico-Escolástico sostiene que la sustancia espiritual es una forma simple y subsistente en sí misma, mientras que la sustancia material implica una composición de materia y forma.

41-¿Cómo se divide la Filosofía de la Naturaleza según la clasificación de Aristóteles?

La Filosofía de la Naturaleza se divide en la Filosofía General de la Naturaleza y la Filosofía Especial de la Naturaleza.

42-¿Qué aborda la Filosofía General de la Naturaleza?

La Filosofía General de la Naturaleza se ocupa del ser espacio-temporal en general, es decir, del ser móvil como tal. Establece principios fundamentales para comprender la realidad natural en su totalidad.

43-¿Cuáles son las tres subdivisiones de la Filosofía Especial de la Naturaleza?

Las tres subdivisiones son: Movimiento Local, Movimiento de Generación y Corrupción, y Movimiento de Aumento Propio de los Seres Vivos.

44-¿Qué aspectos de la naturaleza aborda la Filosofía Especial de la Naturaleza?

La Filosofía Especial de la Naturaleza aborda aspectos específicos de la naturaleza relacionados con el movimiento, incluyendo el movimiento local, el origen y la desaparición de los seres naturales, y el crecimiento y desarrollo de los seres vivos.

45-¿Qué otras divisiones modernas de la Filosofía de la Naturaleza podemos describir?

La división moderna de la Filosofía de la Naturaleza incluye a la Cosmología y a la Psicología. La Cosmología se centra en el ser móvil en general, mientras que la Psicología se ocupa del ser dotado de movimiento vital.

46-¿Cuál es la diferencia esencial entre la Filosofía de la Naturaleza y las ciencias positivas?

La diferencia esencial es que las ciencias se centran en el ser móvil y sensible en cuanto observable y medible, mientras que la filosofía de la naturaleza se centra en el ser móvil y sensible en cuanto ser, es decir, en los principios fundamentales que hacen que el ser móvil y sensible sea inteligible.

47-¿Qué objetos de estudio aborda la ciencia en el ámbito de la naturaleza?

La ciencia se enfoca en investigar la naturaleza de los cuerpos, ya sea en química (elementos constituyentes y cuerpos químicamente simples) o en física (fenómenos que manifiestan la energía física).

48-¿Cuál es la diferencia principal entre la filosofía de la naturaleza y la ciencia en términos de enfoque de estudio?

La diferencia principal radica en que la filosofía de la naturaleza va más allá de la ciencia y se pregunta sobre lo que está implícito en cada enunciado relacionado con los fenómenos del mundo material, como la definición de un cuerpo, su naturaleza y cómo la materia se convierte en una materia definida con propiedades específicas.

49-¿Qué tipo de preguntas filosóficas trascienden el ámbito de lo sensible?

Las preguntas filosóficas que trascienden el ámbito de lo sensible son aquellas que se centran en el ser mismo que se manifiesta a través de las propiedades sensibles, observables y medibles que la ciencia considera.

50-¿Qué relación existe entre la Filosofía de la Naturaleza y la metafísica?

Aunque se tiende a reducir la Filosofía de la Naturaleza a la metafísica en la época contemporánea, ambas disciplinas tienen objetivos y niveles de abstracción diferentes. Sin embargo, la Filosofía de la Naturaleza proporciona la base sobre la cual la metafísica puede fundamentar sus investigaciones, ya que los primeros grados de abstracción del ser inteligible explorados por la Filosofía de la Naturaleza enriquecen y sirven como punto de partida para las reflexiones más abstractas de la metafísica.

51-¿Cuál es el punto de partida del filosofar para Aristóteles y Santo Tomás?
El punto de partida del filosofar para Aristóteles y Santo Tomás es la realidad sensible, efectivamente dada.

52-¿Cuáles son las dos corrientes extremas que, en la Grecia clásica, se enfrentaban al problema del ser y el devenir?
Son las encabezadas una, por Heráclito de Éfeso y la otra, por Parménides (escuela eleática).

53-¿Cuál era el principio fundamental de Heráclito?
El principio fundamental de Heráclito era que todo es movimiento, devenir, acontecer, mutación.

54-¿Cómo responde Aristóteles al principio de Heráclito?
Aristóteles reconoce el movimiento y el devenir, pero también afirma la existencia del ser real y permanente *(actus)*.

55-¿Cuál era la doctrina principal de la Escuela eleática?
La doctrina principal de la Escuela eleática era el monismo, que afirmaba la existencia de un ser absolutamente permanente y negaba todo devenir y mutación.

56-¿En qué área de la filosofía Aristóteles estudia todo lo relacionado al cambio y al movimiento?
Aristóteles estudia todo lo relacionado al cambio y al movimiento en la Filosofía de la Naturaleza.

57-¿Cómo clasifica Aristóteles los objetos según su relación con la materia?
Clasifica los objetos en tres categorías: físicos, matemáticos y metafísicos.

58-¿Qué dos tipos de cambio distingue Aristóteles?
Aristóteles distingue el cambio sustancial y el cambio accidental.

59-¿En qué consiste el cambio sustancial?
El cambio sustancial supone una modificación fundamental de una sustancia, incluyendo la generación y la corrupción.

60-¿Por qué no hay movimiento con respecto a la sustancia en el cambio sustancial?
No hay movimiento con respecto a la sustancia en el cambio sustancial porque no hay nada que sea contrario a la sustancia de las cosas.

61-¿Qué tipos de cambios incluye el cambio accidental?
Incluye cambios cuantitativos, cualitativos y locativos.

62-¿Cómo clasifica Aristóteles los cambios en su obra *Física* Capítulo VIII?
Clasifica los cambios en propios y accidentales.

63-¿Qué distinción hace Aristóteles entre cambio propio y cambio accidental?
Aristóteles afirma que el cambio propio o *per se* es natural y el cambio accidental o *per accidens* puede ser artificial, forzado, contra la naturaleza o violento.

64¿Qué relación establece Aristóteles entre el reposo y el cambio?
Aristóteles establece que, en el caso del reposo, al igual que para la alteración, se requiere el movimiento local. Esto implica que el cambio de lugar es necesario tanto para el reposo como para la alteración.

65-¿Qué considera Aristóteles como *el conjunto de las cosas que se mueven*?

Aristóteles llama al universo *el conjunto de las cosas que se mueven*.

66-¿Qué implica el cambio sustancial en cuanto a la sustancia?

El cambio sustancial supone una modificación radical de una sustancia, donde un ente deja de ser lo que era y pasa a ser otro ente, pero siempre permanece la materia.

67-¿Qué tipos de cambio se distinguen según la categoría de la sustancia?

Se distinguen la generación y la corrupción.

68¿En qué se basa Aristóteles para afirmar que el movimiento es evidente y no una apariencia?

Aristóteles basa su afirmación en que el movimiento es un fenómeno observable.

56-¿Cuál es la distinción que Aristóteles hace entre cambio y movimiento?

Aristóteles distingue que el movimiento es el cambio producido en los accidentes del ente, mientras que el cambio propiamente dicho es el cambio en la sustancia.

57-¿Por qué algunos estudiosos sugieren que las distinciones entre cambio y movimiento hechas por Aristóteles no son rigurosas?

Algunos estudiosos argumentan que Aristóteles no mantiene una distinción rigurosa entre cambio y movimiento, y sugieren que el Libro V de la *Física* podría ser inauténtico. De hecho, en otros lugares de su obra identifica cambio y movimiento. De ser conceptos diferentes, aparecen como sinónimos.

58-Según Aristóteles, ¿qué es lo que constituye un cambio o movimiento?

Aristóteles sostiene que un cambio o movimiento se compone de tres elementos principales: la materia (sujeto que cambia), la forma (determinación que recibe), y la privación (ausencia previa de esta determinación).

59-¿Cómo define Aristóteles el movimiento o cambio absoluto fuera del Libro V de *Física* y textos concordantes?
Aristóteles define el movimiento o cambio absoluto como todo cambio que se produce en la realidad de los entes, ya sea en la sustancia o en los accidentes, y considera que cambio y movimiento son términos intercambiables.

60-¿Cuáles son los tres principios físicos o naturales que, según Aristóteles, constituyen la base de todo cambio o movimiento?
Los tres principios físicos o naturales según Aristóteles son: la forma, la privación y la materia.

61-¿Por qué Aristóteles sostiene que la causa eficiente es necesaria para el cambio o movimiento?
Aristóteles argumenta que la causa eficiente es necesaria para el cambio o movimiento porque la materia no puede pasar de la potencia al acto por sí misma, ya que es pasiva. La causa eficiente es la que mueve la materia de la potencia al acto.

62-¿Cuáles son los tres elementos principales en el proceso del devenir según Aristóteles?
Los tres elementos principales en el proceso del devenir según Aristóteles son: el ente actual (aquello que ha devenido), el ente potencial (aquello de lo que ha devenido el ente actual), y la causa eficiente (aquello en virtud de lo cual el ente potencial pasa a ser actual).

63-¿Qué relación existe entre la contrariedad y el cambio según Aristóteles?

Aristóteles sostiene que solo los contrarios son principios del cambio. El cambio implica un tránsito entre dos términos opuestos, y la sustancia, que no tiene contrario, es el fundamento de todos los cambios.

64-¿Cómo se puede resumir la posición de la Metafísica tomista con respecto a la distinción entre cambio y movimiento?

En la Metafísica tomista, basada en el aristotelismo, no se mantiene una distinción rigurosa entre cambio y movimiento. Ambos términos funcionan como sinónimos y se refieren a todo cambio que se produce en la realidad de los entes, ya sea en la sustancia o en los accidentes.

65-¿Cuáles son los tres puntos de partida desde los cuales se puede abordar el estudio del movimiento según Aristóteles?

Según Aristóteles, el estudio del movimiento puede abordarse desde tres puntos de partida diferentes: el procedimiento inductivo, las categorías, y la dialéctica entre forma y privación. Cada uno de estos enfoques proporciona una perspectiva distinta sobre el movimiento.

66-¿Cómo define Aristóteles a la materia?

Aristóteles define a la materia como el sustrato primero en cada cosa, el constitutivo interno y no accidental a partir del cual algo llega a ser.

67-¿Qué diferencia fundamental hace Santo Tomás entre la materia y la sustancia?

Santo Tomás diferencia que la materia es el primer sujeto a partir del cual una cosa llega a ser, mientras que la sustancia es lo que resulta después del proceso de llegar a ser.

68-¿Qué significa que la materia es pura potencia según Aristóteles?

Significa que la materia es el sujeto del primer acto que pone a un ente en la realidad, pero aún no tiene una determinación específica.

69-¿Cómo se relaciona la materia prima con la forma en la filosofía aristotélica?

La materia prima se relaciona con la forma al ser el sujeto que, al unirse con una forma, se convierte en un ser propiamente dicho o una sustancia.

70-¿Cuál es la propiedad característica de la materia prima según Aristóteles?

La propiedad característica de la materia prima es su indeterminación absoluta, lo que implica que no tiene ninguna determinación específica por sí misma.

71-¿Cómo se diferencia la materia prima de la materia segunda?

La materia prima es el primer sujeto a partir del cual se hace o es cada ser móvil, mientras que la materia segunda es el cuerpo ya constituido que puede recibir determinaciones o formas accidentales.

72-¿Qué significa que la materia prima es un sujeto en potencia según Santo Tomás?

Significa que la materia prima tiene la capacidad de recibir una forma que la actualice y configure, convirtiéndola en un ser propiamente dicho.

73-¿Cuál es la relación entre la materia prima y la forma según Aristóteles?

La materia prima depende de la forma para existir y obtener una determinación específica.

74-¿En qué entes pueden ocurrir los cambios sustanciales y accidentales?

Solo pueden ocurrir en los entes corporales. En los espirituales, sólo pueden ocurrir cambios accidentales.

75-¿Qué tipo de conocimiento propone Aristóteles para comprender la materia prima?

Aristóteles propone un conocimiento indirecto y discursivo para comprender la materia prima, ya que esta no posee ninguna forma específica directamente cognoscible.

76-¿Qué es la forma en la metafísica aristotélico-tomista?
La forma es aquello que determina a la materia para ser algo y es por lo cual un ente es lo que es.

77-¿Cuál es la relación entre la materia y la forma en un compuesto sustancial?
La materia y la forma están intrínsecamente unidas, constituyendo así el compuesto sustancial, que es el ente corpóreo concreto en la naturaleza y la realidad.

78-¿Cuál es la función de la forma sustancial en relación con la materia prima?
La forma sustancial toma posesión de la materia prima y la convierte en una sustancia o un ser determinado.

79-¿Cómo se dividen las relaciones entre materia y forma?
Las relaciones entre materia y forma se dividen en dos tipos fundamentales: la relación materia prima-forma sustancial y la relación materia segunda-forma accidental.

80-¿Cuál es la primacía ontológica entre la forma y la materia en un ente corpóreo?
En el compuesto sustancial, la forma tiene primacía sobre la materia, ya que configura a la materia y le otorga su esencia específica.

81-¿Cuál es la diferencia entre la forma y el movimiento según Aristóteles?
La forma es lo que determina la esencia específica de un ente, mientras que el movimiento implica un cambio en el ente y es el paso de un sujeto de una manera de ser a otra.

82-¿Por qué se considera que la forma es "idea" en la metafísica aristotélico-tomista?

La forma hace que la materia sea pensable y le otorga una esencia específica, por lo que se puede considerar como una idea en el sentido de que es lo que hace que el ente sea lo que es.

83-¿Qué relación existe entre la forma y la materia en un compuesto sustancial?

La forma y la materia no pueden separarse en un compuesto sustancial, ya que están intrínsecamente unidas y ninguna de ellas puede existir independientemente de la otra.

84-¿Qué enseñanzas se pueden extraer sobre la relación entre forma y movimiento?

La forma es un principio inmanente de movimiento en los entes corpóreos, y el movimiento se ordena a la consecución de una forma. Además, el movimiento se determina según la forma y se presenta como el paso de un sujeto de una manera de ser a otra.

85-¿Cómo se relacionan la forma y la materia en la generación de los entes naturales?

Tanto la forma como la materia se dan simultáneamente en un compuesto, y ninguna de ellas existe antes que la otra. El compuesto es el resultado de su unión inseparable.

86-¿Qué significa que la forma no puede desearse a sí misma?

La forma no puede desearse a sí misma, ya que no le falta nada, y la materia es la que busca la forma para completarse.

87-¿Por qué se afirma que la forma y la materia son realmente distintas pero constituyen una misma sustancia?

Según la doctrina tomista, la forma y la materia son realmente distintas, pero se unen como potencia y acto para formar una misma sustancia, una misma esencia y un mismo compuesto sustancial.

88-¿En qué se basa, según algunos autores, la poderosa síntesis metafísica de Santo Tomás?

Se basa en la doctrina aristotélica del acto y la potencia.

89-¿Quién estableció la distinción del ser en acto y potencia?

Aristóteles fue quien estableció la distinción del ser en acto y potencia, y Santo Tomás de Aquino perfeccionó esta doctrina.

90¿Cuál es la relación entre acto y potencia según Aristóteles?

Según Aristóteles, el acto es la realización de la naturaleza del ente, mientras que la potencia es la capacidad de perfección. El acto y la potencia están relacionados en la medida en que el acto completa lo que está en potencia.

91¿Cómo se describe la relación entre la potencia y el acto en la creación de una estatua?

En la creación de una estatua, la estatua existe en potencia en el bloque de mármol antes de ser tallada. La fabricación de la estatua implica un paso de la estatua en potencia a la estatua en acto.

92¿Qué significado tiene la distinción entre acto y potencia en Aristóteles?

La distinción entre acto y potencia en Aristóteles permite comprender la naturaleza del ente concreto. Acto y potencia son principios constitutivos de la realidad y son necesarios para explicar el devenir y el cambio en el mundo.

93¿Qué motivó a Aristóteles desarrollar la doctrina del acto y la potencia?

H.A.S. Schankula, en un artículo breve e incisivo, ha mostrado con suficiente fuerza que es muy probable que la distinción de potencia y acto haya sido desarrollada por Aristóteles a partir de algunas indicaciones de Platón, leves, pero suficientes. Según este autor, Aristóteles se basó en dos diálogos: el *Eutidemo* y el *Teeteto,* en los cuales Platón distingue entre la posesión de algo y su tenencia o uso.

94-¿Cómo se relaciona la distinción entre acto y potencia con la creación divina en la metafísica tomista?

En la metafísica tomista, Dios se considera Acto Puro, mientras que las criaturas tienen una mezcla de acto y potencia. La distinción entre acto y potencia es esencial para comprender la diferencia entre Dios como ser necesario y las criaturas como seres contingentes.

95-¿Cuál es la diferencia entre la esencia y la existencia en la metafísica tomista?

En la metafísica tomista, se sostiene que la esencia y la existencia son realmente distintas en las criaturas. La esencia se refiere a lo que algo es en sí mismo *(quod est)*, mientras que la existencia se refiere a la actualización de esa esencia *(quo est)*. Esta distinción es aplicada a las criaturas, pero en Dios, la esencia y la existencia son idénticas.

96-¿Cómo se relaciona la distinción entre esencia y existencia con la distinción entre acto y potencia en las criaturas?

La distinción entre esencia y existencia en las criaturas se relaciona con la distinción entre acto y potencia, ya que ambas implican una dualidad en la composición de las criaturas. La esencia se considera la potencia o capacidad de ser, mientras que la existencia se considera el acto de ser que actualiza esa esencia.

97-¿Cómo define Aristóteles a la potencia?

La definición principal de potencia, en su sentido primario, es: principio productor de cambio en otro o en ello mismo, pero en tanto que otro.

98-¿Cómo se relaciona la potencia con la privación?

La privación se refiere a la carencia de una perfección que un ente por naturaleza puede poseer, y la potencia se considera en función de la privación, ya que la potencia es la capacidad de poseer esa perfección.

99-¿Cuál es el fin de la potencia?

El fin de la potencia es el acto, y la forma es acto. La potencia se considera en función del acto y su objetivo es alcanzar el acto.

100-¿Cuál es la relación entre el acto y la potencia en el orden del conocimiento?

El acto tiene primacía sobre la potencia en el orden del conocimiento, ya que el acto se conoce antes que la potencia, aunque esta última solo puede conocerse a través del acto.

101-¿Qué se entiende por potencia pura o materia prima?

La potencia pura o materia prima es la capacidad receptiva de formas y es mera pasividad. No tiene otro fin que recibir el acto y su realidad le viene de la participación del acto formal.

102¿Cómo se relaciona la potencia pasiva con la privación?

La potencia pasiva se relaciona con la privación en el sentido de que la privación se refiere a la carencia de una perfección que un ente puede poseer, y la potencia pasiva es la aptitud para ser transformada en otra y, por tanto, está en potencia de poseer esa perfección.

103¿Qué significa que la potencia es una noción analógica?

Significa que la potencia se puede concebir de manera analógica en casos particulares y que siempre está en orden al acto, es decir, la potencia se refiere a la capacidad de obrar y actuar.

104¿Qué significa que el acto es anterior a la potencia?

El acto es anterior a la potencia en varios sentidos, como en la noción, el tiempo y la naturaleza, y esto se debe a que la noción de acto precede a la de potencia, el acto se conoce antes que la potencia y las cosas eternas y en acto son anteriores a las cosas corruptibles y en potencia.

105-¿Cómo define Aristóteles el acto y cuál es el origen de este término?

Aristóteles define el acto como *energeia*, un término que creó a partir de un adjetivo que significa "obra."

106-¿Dónde expone Aristóteles el sentido del ser como acto y cuáles son los puntos clave de esta exposición?

Aristóteles expone el sentido del ser como acto en el Libro IX, capítulo 6 de su obra *Metafísica*. Los puntos clave de esta exposición incluyen: 1-El sentido del ser como acto se establece por referencia a la potencia. 2-El acceso al acto no es por la definición (por el género y la especie: por formas) sino por inducción en los singulares y contemplando la analogía. 3-El acto es universal en cuanto se encuentra en todos los singulares. 4-No es definible, ya que no es una forma o esencia común a muchos individuos. 5-El acceso al conocimiento del acto es a través del método analógico.

107-¿Cuáles son los tres sentidos principales de *energeia* o acto según Monllor, Chung-Hwan, Trepanier, Bonitz y Le Blond?

Los tres sentidos principales de *energeia* o acto, según los autores citados, son:1-Movimiento *(kinesis)*. 2-Forma y perfección. 3-Acción, obra *(ergon)*, praxis.

108-¿Cuál es la relación entre el movimiento y el acto según Aristóteles y Santo Tomás?

Tanto para Aristóteles como para Santo Tomás, el movimiento es un tipo de acto, aunque es un acto imperfecto o incompleto. El movimiento se relaciona con el acto en el sentido de que el movimiento es el proceso de pasar de la potencia al acto. El acto completo es el término del movimiento.

109-¿Qué significa "acto imperfecto" en el contexto del movimiento y por qué se le llama así?

El "acto imperfecto" se refiere al movimiento. Se le llama "imperfecto" porque es un acto esencialmente incompleto que radica en un sujeto igualmente inacabado o imperfecto. Este tipo de acto se encuentra en el proceso de cambio y no ha alcanzado su término final.

110-¿Cuáles son los dos tipos de acción y cómo se diferencian?

Los dos tipos de acción son: 1-Acción transitiva o física. Es el ejercicio de la causalidad eficiente y produce un efecto exterior y distinto del agente. Implica la producción de un efecto fuera del agente. 2-Acción inmanente u operación. No pasa a un paciente exterior; en cambio, recae sobre el propio agente. Incluye actividades como el conocimiento y la volición.

111-¿Qué se entiende por "perfección primera" y "perfección segunda" en relación con el acto?

"Perfección primera" se refiere a la forma sustancial de una sustancia, que es un acto mediante el cual una sustancia puede decirse perfecta y subsistente. "Perfección segunda" se refiere al acto (operación) mediante el cual una sustancia alcanza su fin, que es distinto de ella misma.

112-¿Cuál es la relación entre el acto y el ser según Santo Tomás y cómo se relacionan con la potencia?

Según Santo Tomás, el acto se relaciona con el ser en el sentido de que el ser se compara a todo como acto. Nada tiene actualidad sino en cuanto es. El acto es el ser actual, mientras que la potencia es la capacidad para llegar a ser acto. El acto es siempre más perfecto que la potencia, y todo lo que es en acto participa de la plenitud de acto, que es Dios.

113-¿Por qué se afirma que solo Dios es Acto Puro y cuál es la relación entre Dios y el acto?

Solo Dios es Acto Puro porque carece de toda potencia y es la realidad perfectísima. La relación entre Dios y el acto es que Dios es esencialmente Acto Puro, mientras que todas las criaturas son entes compuestos de acto y potencia. Dios es la fuente y el principio de todo acto y actualidad en el universo.

114-¿Por qué se dice que la primera noción de acto corresponde a los actos de los entes creados y no a Dios?

La primera noción de acto corresponde a los actos de los entes creados y no a Dios porque conocemos primero a los entes creados y luego al Creador. Los actos de los entes creados son actos imperfectos limitados por una potencia, mientras que Dios es Acto Puro sin potencia.

NOTAS

[1]Cfr. GRENIER HENRI. *Thomistic Philosophy*. Translated from the Latin of the original *Cursus Philosophiae* (Editio tertia) by Rev. J. P. E. O'Hanley, Ph.D. St. Dunstan's University. Charlottetown, Canadá. 1950. N° 211-216. Páginas 131-134.

[2]Cfr. GARDEIL H.D. *Iniciación a la Filosofía de Santo Tomás de Aquino. 2-Cosmología.* Editorial Tradición. México. 1973. Páginas 39-42.

[3]Cfr. GONZALEZ ZEFERINO, CARDENAL. *Filosofía Elemental. Tomo II.* Segunda Edición. Madrid 1886. Páginas 139-153.

[4]ARISTÓTELES. *Física.* Traducido y con notas por Guillermo R. de Echandía. Planeta De Agostini, © Editorial Gredos S.A. 1995. Publicado en la Biblioteca Clásica Gredos. Libro II. Página 45.

[5]RÉGIS JOLIVET. *Trattato di Filosofia: II – Cosmologia.* Edizione elettronica a cura di Totus Tuus Network, 2009. N° 1.1

[6]RÉGIS JOLIVET. *Trattato di Filosofia: II – Cosmologia.* Edizione elettronica a cura di Totus Tuus Network, 2009. N° 2. a).

[7]Cfr. RÉGIS JOLIVET. *Trattato di Filosofia: II – Cosmologia.* Edizione elettronica a cura di Totus Tuus Network, 2009. N° 2. 3.

[8]MANSER GALLUS. *La esencia del Tomismo.* Traducción de la segunda edición alemana. Madrid. 1947. Página 82.

[9]MANSER GALLUS. *La esencia del Tomismo.* Traducción de la segunda edición alemana. Madrid. 1947. Página 82.

[10]GARDEIL H.D. *Iniciación a la Filosofía de Santo Tomás de Aquino. 2-Cosmología.* Editorial Tradición. México. 1974. Página 18.

[11]GARCIA ZERECERO GABRIELA. *Una aproximación filosófica a la naturaleza del movimiento: una perspectiva necesaria en el estudio de la realidad natural.* Eikasia Revista de Filosofía. Enero 2014. N°54 Eikasia Ediciones. Oviedo España. Páginas 68 a 92.

[12]ARISTÓTELES. *Física.* Traducido y con notas por Guillermo R. de Echandía. Planeta De Agostini, © Editorial Gredos S.A. 1995. Publicado en la Biblioteca Clásica Gredos. Libro II. Página 176. Para el Estagirita, hay movimiento sólo entre contrarios. Sustancia-No sustancia no son contrarios sino contradictorios.

[13]GARDEIL H.D. *Iniciación a la Filosofía de Santo Tomás de Aquino. 4-Metafísica.* Editorial Tradición. México. 1974. Página 246.

[14]GOMEZ PEREZ RAFAEL. *Introducción a la Metafísica.* Cuarta edición. Ediciones Rialp SA. Madrid. 1990. Página 241.

[15]GARDEIL H.D. *Iniciación a la Filosofía de Santo Tomás de Aquino. 4-*

Metafísica. Editorial Tradición. México. 1974. Página 242.

[16]GARCIA ZERECERO GABRIELA. *Una aproximación filosófica a la naturaleza del movimiento: una perspectiva necesaria en el estudio de la realidad natural.* Eikasia Revista de Filosofía. Enero 2014. Nº54 Eikasia Ediciones. Oviedo España. Páginas 68 a 92.

[17]GARCIA ZERECERO GABRIELA. *Una aproximación filosófica a la naturaleza del movimiento: una perspectiva necesaria en el estudio de la realidad natural.* Eikasia Revista de Filosofía. Enero 2014. Nº54 Eikasia Ediciones. Oviedo España. Páginas 68 a 92.

[18]GARDEIL H.D. *Iniciación a la Filosofía de Santo Tomás de Aquino. 4-Metafísica.* Editorial Tradición. México. 1974. Página 236.

[19]ARISTÓTELES. *Física.* Traducido y con notas por Guillermo R. de Echandía. Planeta De Agostini, © Editorial Gredos S.A. 1995. Publicado en la Biblioteca Clásica Gredos. Libro V. Página 171 *ab initio.*

[20]ARISTÓTELES. *Física.* Traducido y con notas por Guillermo R. de Echandía. Planeta De Agostini, © Editorial Gredos S.A. 1995. Publicado en la Biblioteca Clásica Gredos. Libro V. Página 171.

[21]ARISTÓTELES. *Física.* Traducido y con notas por Guillermo R. de Echandía. Planeta De Agostini, © Editorial Gredos S.A. 1995. Publicado en la Biblioteca Clásica Gredos. Libro V. Página 171. Nota al pie de página bajo el número 453 3.

[22]Hemos transcripto del excelente artículo del Dr. Modesto Berciano Villalibre titulado *Introducción a Aristóteles,* que puede y merece consultarse en su sitio web: http://www.modestoberciano.50webs.com/. Capítulo 9. Páginas 66 y 67.

[23]GARDEIL H.D. *Iniciación a la Filosofía de Santo Tomás de Aquino. 2-Cosmología.* Editorial Tradición. México. 1974. Página 15.

[24]AQUINAS THOMAS. *Commentary on Aristotle's Physics.* Books I-II, translated for Richard J. Blackwell, Richard J. Spath y W. Edmund Thirkell. Yale University Press. 1963. Edición en formato HTML por Joseph Kenny, O.P. Libro I. 3.

[25]ARISTÓTELES. *Física.* Traducido y con notas por Guillermo R. de Echandía. Planeta De Agostini, © Editorial Gredos S.A. 1995. Publicado en la Biblioteca Clásica Gredos. Libro I. Página 13.

[26]GARCIA ZERECERO GABRIELA. *Una aproximación filosófica a la naturaleza del movimiento: una perspectiva necesaria en el estudio de la realidad natural.* Eikasia Revista de Filosofía. Enero 2014. Nº54 Eikasia Ediciones. Oviedo España. Páginas 68 a 92.

[27]Cfr. SERTILLANGES A.D. *Santo Tomás de Aquino. Tomo II.* Ediciones Desclée de Brouwer. Buenos Aires. 1946. Página 9.

[28]MANSER GALLUS. *La esencia del Tomismo*. Traducción de la segunda edición alemana. Madrid. 1947. Página 87.

[29]Cf. MANSER GALLUS. *La esencia del Tomismo*. Traducción de la segunda edición alemana. Madrid. 1947. Página 87.

[30]Cfr. MANSER GALLUS. *La esencia del Tomismo*. Traducción de la segunda edición alemana. Madrid. 1947. Páginas 91 y 92.

[31]GRENIER HENRI. *Thomistic Philosophy*. Translated from the Latin of the original *Cursus Philosophiae* (Editio tertia) by Rev. J. P. E. O'Hanley, Ph.D. St. Dunstan's University. Charlottetown, Canadá. 1950. N° 217. Página 137.

[32]ARISTÓTELES. *Física*. Traducido y con notas por Guillermo R. de Echandía. Planeta De Agostini, © Editorial Gredos S.A. 1995. Publicado en la Biblioteca Clásica Gredos. Libro I. Página 40.

[33]GARCIA ZERECERO GABRIELA. *Una aproximación filosófica a la naturaleza del movimiento: una perspectiva necesaria en el estudio de la realidad natural*. Eikasia Revista de Filosofía. Enero 2014. N°54 Eikasia Ediciones. Oviedo España. Páginas 68 a 92.

[34]FERRATER MORA JOSE. *Diccionario de Filosofía. Tomo II*. Artículo consultado: "Materia". Editorial Sudamericana. Buenos Aires. Quinta Edición. Página 153.

[35]ARISTÓTELES. *Física*. Traducido y con notas por Guillermo R. de Echandía. Planeta De Agostini, © Editorial Gredos S.A. 1995. Publicado en la Biblioteca Clásica Gredos. Libro I. Página 41.

[36]AQUINAS THOMAS. *Commentary on Aristotle's Physics*.Books I-II, translated for Richard J. Blackwell, Richard J. Spath y W. Edmund Thirkell. Yale University Press. 1963. Edición en formato HTML por Joseph Kenny, O.P. Libro I. Lección 15. N° 139.

[37]DE AQUINO, SANTO TOMÁS. *Suma de Teología*. Cuarta Edición. Biblioteca de Autores Cristianos. Madrid. 2001. I, q.92 a.2.

[38]Cfr. FERRATER MORA JOSE. *Diccionario de Filosofía. Tomo II*. Artículo consultado: "Materia". Editorial Sudamericana. Buenos Aires. Quinta Edición. Página 153.

[39]ARISTOTLE. *Metaphysics*. Book 7 1029a. Perseus Digital Library. Gregory R. Crane, Editor-in-chief. Tufts University. Tufts.edu.

[40]MANSER GALLUS. *La esencia del Tomismo*. Traducción de la segunda edición alemana. Madrid. 1947. Páginas 575 y 576.

[41]MANSER GALLUS. *La esencia del Tomismo*. Traducción de la segunda edición alemana. Madrid. 1947. Página 583.

[42]MANSER GALLUS. *La esencia del Tomismo*. Traducción de la segunda edición alemana. Madrid. 1947. Página 585. Traduzco: *La materia prima*

está en potencia con relación al acto sustancial, que es forma; y por eso mismo, la potencia es su misma esencia.

[43]MANSER GALLUS. *La esencia del Tomismo.* Traducción de la segunda edición alemana. Madrid. 1947. Páginas 574 y 575.

[44]MANSER GALLUS. *La esencia del Tomismo.* Traducción de la segunda edición alemana. Madrid. 1947. Página 575.

[45]Cfr. ALVIRA TOMAS. *Significado metafísico del acto y la potencia en la filosofía del ser.* Universidad de Navarra. Anuario filosófico. Volumen 12. Numero 1. 1979. Páginas 9-46.

[46]Cfr. GRENIER HENRI. *Thomistic Philosophy.* Translated from the Latin of the original *Cursus Philosophiae* (Editio tertia) by Rev. J. P. E. O'Hanley, Ph.D. St. Dunstan's University. Charlottetown, Canadá. 1950. Nº 228 a 236. Páginas 144-146.

[47]Cfr. GARDEIL H.D. *Iniciación a la Filosofía de Santo Tomás de Aquino. 4-Metafísica.* Editorial Tradición. México. 1974. Página 249.

[48]GRENIER HENRI. *Thomistic Philosophy.* Translated from the Latin of the original *Cursus Philosophiae* (Editio tertia) by Rev. J. P. E. O'Hanley, Ph.D. St. Dunstan's University. Charlottetown, Canadá. 1950. Nº 221. Página 140.

[49]RÉGIS JOLIVET. *Trattato di Filosofia: II – Cosmologia.* Edizione elettronica a cura di Totus Tuus Network, 2009. Nº 85. 1.

[50]Cfr. MANSER GALLUS. *La esencia del Tomismo.* Traducción de la segunda edición alemana. Madrid. 1947. Página 578.

[51]Cfr. FERRATER MORA JOSE. *Diccionario de Filosofía. Tomo I.* Artículo consultado: "Forma". Editorial Sudamericana. Buenos Aires. Quinta Edición. Página 716.

[52]Cfr. RÉGIS JOLIVET. *Trattato di Filosofia: II – Cosmologia.* Edizione elettronica a cura di Totus Tuus Network, 2009. Nº 87. 1-2.

[53]FERRATER MORA JOSE. *Diccionario de Filosofía. Tomo I.* Artículo consultado: "Forma". Editorial Sudamericana. Buenos Aires. Quinta Edición. Página 716.

[54]SERTILLANGES A.D. *Santo Tomás de Aquino. Tomo II.* Ediciones Desclée de Brouwer. Buenos Aires. 1946. Página 12.

[55]Cfr. RÉGIS JOLIVET. *Trattato di Filosofia: II – Cosmologia.* Edizione elettronica a cura di Totus Tuus Network, 2009. Nº 87. 3.

[56]En la metafísica cristiana, es necesario hacer excepción con respecto al alma humana, directamente creada por Dios con el fin de ser unida a un cuerpo.

[57]ARISTÓTELES. *Física.* Introducción, traducción y notas de Guillermo R. de Echandía. Editorial Gredos. Madrid. 1995. Libro I, capitulo 9. Página

120.
[58]Cfr. GRENIER HENRI. *Thomistic Philosophy*. Translated from the Latin of the original *Cursus Philosophiae* (Editio tertia) by Rev. J. P. E. O'Hanley, Ph.D. St. Dunstan's University. Charlottetown, Canadá. 1950. N° 246. Páginas 151-152.
[59]ARISTÓTELES. *Física*. Introducción, traducción y notas de Guillermo R. de Echandía. Editorial Gredos. Madrid. 1995. Libro IV, capitulo 2. Página 228.
[60]Cfr. RÉGIS JOLIVET. *Trattato di Filosofia: II – Cosmologia*. Edizione elettronica a cura di Totus Tuus Network, 2009. N° 88. 4.
[61]DE GARAY SUÁREZ-LLANOS JESUS. *La identidad del acto, según Aristóteles*. Universidad de Navarra. Anuario filosófico. Volumen 18. Número 2. 1985. Páginas 49-86.
[62]Cfr. DE GARAY SUÁREZ-LLANOS JESUS. *La identidad del acto, según Aristóteles*. Universidad de Navarra. Anuario filosófico. Volumen 18. Número 2. 1985. Páginas 49-86.
[63]Traduzco: *La actividad de un ente en potencia en tanto que está en potencia*.
[64]MANSER GALLUS. *La esencia del Tomismo*. Traducción de la segunda edición alemana. Madrid. 1947. Páginas 83-84.
[65]MANSER GALLUS. *La esencia del Tomismo*. Traducción de la segunda edición alemana. Madrid. 1947. Página 47. Cito la frase de tan ilustre tomista, no sin señalar que es opinable. La defiende con firmeza y buen tino en la obra citada. En lo personal, no tengo posición definida.
[66]Cfr. MANSER GALLUS. *La esencia del Tomismo*. Traducción de la segunda edición alemana. Madrid. 1947. Página 81.
[67]STORK YEPES RICARDO. Universidad de Navarra. Anuario Filosófico. Volumen 22. N° 1. 1989. Páginas 93-112.
[68]ALVIRA TOMAS. *Significado metafísico del acto y la potencia en la filosofía del ser*. Universidad de Navarra. Anuario filosófico. Volumen 12. Numero 1. 1979. Páginas 9-46.
[69]ARISTÓTELES. *Metafísica*. Introducción, traducción y notas de Tomás Calvo Martínez. Editorial Gredos. Primera edición. Segunda reimpresión. Madrid. 1994. Libro VI, capítulo 2. Página 270.
[70]Cfr. ALVIRA TOMAS. *Significado metafísico del acto y la potencia en la filosofía del ser*. Universidad de Navarra. Anuario filosófico. Volumen 12. Numero 1. 1979. Páginas 9-46.
[71]GARDEIL H.D. *Iniciación a la Filosofía de Santo Tomás de Aquino. 4- Metafísica*. Editorial Tradición. México. 1974. Página 119.
[72]SERTILLANGES A.D. *Santo Tomás de Aquino. Tomo I*. Ediciones

Desclée de Brouwer. Buenos Aires. 1946. Página 80.

[73]Cfr. HUGON EDUARDO. *Principios de Filosofía. Las Veinticuatro Tesis Tomistas.* BAF Ediciones. Editorial Poblet. Buenos Aires. 1940. Página 10.

[74]GARDEIL H.D. *Iniciación a la Filosofía de Santo Tomás de Aquino. 4- Metafísica.* Editorial Tradición. México. 1974. Páginas 119-120

[75]HUGON EDUARDO. *Principios de Filosofía. Las Veinticuatro Tesis Tomistas.* BAF Ediciones. Editorial Poblet. Buenos Aires. 1940. Página 8.

[76]Cfr. SERTILLANGES A.D. *Santo Tomás de Aquino. Tomo I.* Ediciones Desclée de Brouwer. Buenos Aires. 1946. Páginas 81 y 82.

[77]Traduzco: *El acto absolutamente anterior es potencia.*

[78]GARCÍA MARQUÉS ALFONSO. *Potencia, finalidad y posibilidad en "Metafísica" IX, 3-4.* Universidad de Navarra. Anuario Filosófico. Volumen 23. Nº 2. 1990. Páginas 147-160.

[79]Cfr. GARCÍA MARQUÉS ALFONSO. *Potencia, finalidad y posibilidad en "Metafísica" IX, 3-4.* Universidad de Navarra. Anuario Filosófico. Volumen 23. Nº 2. 1990. Páginas 147-160.

[80]SERTILLANGES A.D. *Santo Tomás de Aquino. Tomo I.* Ediciones Desclée de Brouwer. Buenos Aires. 1946. Página 82.

[81]ARISTÓTELES. *Metafísica.* Introducción, traducción y notas de Tomás Calvo Martínez. Editorial Gredos. Primera edición. Segunda reimpresión. Madrid. 1994. Libro IX capítulo 6. Páginas 375-376.

[82]Cfr. GIRALDEZ EMILIO ISIDORO. *La defensa aristotélica frente a la crítica megárica de la diferencia entre el acto y la potencia.* Revista Espíritu. Número LVI. Barcelona. 2007. Páginas 81-100.

[83]FERRATER MORA JOSE. *Diccionario de Filosofía. Tomo II.* Artículo consultado: "Megáricos". Editorial Sudamericana. Buenos Aires. Quinta Edición. Página 170.

[84]Cfr. MANSER GALLUS. *La esencia del Tomismo.* Traducción de la segunda edición alemana. Madrid. 1947. Páginas 426-486.

[85]ALVIRA TOMAS. *Significado metafísico del acto y la potencia en la filosofía del ser.* Universidad de Navarra. Anuario filosófico. Volumen 12. Numero 1. 1979. Páginas 9-4.

[86]ARISTÓTELES. *Metafísica.* Introducción, traducción y notas de Tomás Calvo Martínez. Editorial Gredos. Primera edición. Segunda reimpresión. Madrid. 1994. Libro V capítulo 12. Páginas 234-235.

[87]ARISTÓTELES. *Metafísica.* Introducción, traducción y notas de Tomás Calvo Martínez. Editorial Gredos. Primera edición. Segunda reimpresión. Madrid. 1994. Libro V capítulo 12. Página 235.

[88]ARISTÓTELES. *Metafísica.* Introducción, traducción y notas de Tomás

Calvo Martínez. Editorial Gredos. Primera edición. Segunda reimpresión. Madrid. 1994. Libro V capítulo 12 in fine Página 237.

[89]ALVIRA TOMAS. *Significado metafísico del acto y la potencia en la filosofía del ser.* Universidad de Navarra. Anuario filosófico. Volumen 12. Numero 1. 1979. Páginas 9-4.

[90]GARCÍA MARQUÉS ALFONSO. *Potencia, finalidad y posibilidad en "Metafísica" IX, 3-4.* Universidad de Navarra. Anuario Filosófico. Volumen 23. Nº 2. 1990. Páginas 147-160.

[91]Cfr. GARCÍA MARQUÉS ALFONSO. *Potencia, finalidad y posibilidad en "Metafísica" IX, 3-4.* Universidad de Navarra. Anuario Filosófico. Volumen 23. Nº 2. 1990. Páginas 147-160.

[92]Cfr. ALVIRA TOMAS. *Significado metafísico del acto y la potencia en la filosofía del ser.* Universidad de Navarra. Anuario filosófico. Volumen 12. Numero 1. 1979. Páginas 9-4.

[93]MANSER GALLUS. *La esencia del Tomismo.* Traducción de la segunda edición alemana. Madrid. 1947. Página 86.

[94]SERTILLANGES A.D. *Santo Tomás de Aquino. Tomo I.* Ediciones Desclée de Brouwer. Buenos Aires. 1946. Página 80.

[95]Traduzco: *Potencia se dice en relación al acto.*

[96]SERTILLANGES A.D. *Santo Tomás de Aquino. Tomo I.* Ediciones Desclée de Brouwer. Buenos Aires. 1946. Página 81.

[97]Cfr. ALVIRA TOMAS. *Significado metafísico del acto y la potencia en la filosofía del ser.* Universidad de Navarra. Anuario filosófico. Volumen 12. Numero 1. 1979. Páginas 9-4.

[98]Traduzco: *Principio de padecer la acción de otro.* Dice Santo Tomás en la *Suma Teológica* Parte I, q. 66, a.1 *(...) porque para aquello que está en potencia hacia la forma, carecer de forma es privación.*

[99]Cfr. MANSER GALLUS. *La esencia del Tomismo.* Traducción de la segunda edición alemana. Madrid. 1947. Páginas 87-90.

[100]Traduzco: *Falta de forma en lo que está en potencia a la forma.*

[101]ARISTÓTELES. *Metafísica.* Introducción, traducción y notas de Tomás Calvo Martínez. Editorial Gredos. Primera edición. Segunda reimpresión. Madrid. 1994. Libro V, capítulo 22. Páginas 250-251.

[102]ARISTÓTELES. *Metafísica.* Introducción, traducción y notas de Tomás Calvo Martínez. Editorial Gredos. Primera edición. Segunda reimpresión. Madrid. 1994. Libro IX, capítulo 1. Página 365 *in fine.*

[103]ARISTÓTELES. *Metafísica.* Introducción, traducción y notas de Tomás Calvo Martínez. Editorial Gredos. Primera edición. Segunda reimpresión. Madrid. 1994. Libro IX, capítulo 8. Página 383.

[104]ARISTÓTELES. *Metafísica.* Introducción, traducción y notas de Tomás

Calvo Martínez. Editorial Gredos. Primera edición. Segunda reimpresión. Madrid. 1994. Libro IX, capítulo 8. Página 387.

[105]ARISTÓTELES. *Metafísica*. Introducción, traducción y notas de Tomás Calvo Martínez. Editorial Gredos. Primera edición. Segunda reimpresión. Madrid. 1994. Nota 29 del Libro IX, capítulo 8. Página 381.

[106]ARISTÓTELES. *Metafísica*. Introducción, traducción y notas de Tomás Calvo Martínez. Editorial Gredos. Primera edición. Segunda reimpresión. Madrid. 1994. Nota 29 del Libro IX, capítulo 8. Páginas 381-382.

[107]Cfr. DE GARAY SUÁREZ-LLANOS JESUS. *La identidad del acto, según Aristóteles*. Universidad de Navarra. Anuario filosófico. Volumen 18. Número 2. 1985. Páginas 49-86.

[108]STORK YEPES RICARDO. *El origen de la "energía" en Aristóteles*. Universidad de Navarra. Anuario filosófico. Volumen 22. Nº 1. 1989. Páginas 93-112.

[109]Cfr. DE GARAY SUÁREZ-LLANOS JESUS. *La identidad del acto, según Aristóteles*. Universidad de Navarra. Anuario filosófico. Volumen 18. Número 2. 1985. Páginas 49-86.

[110]Cfr. DE GARAY SUÁREZ-LLANOS JESUS. *La identidad del acto, según Aristóteles*. Universidad de Navarra. Anuario filosófico. Volumen 18. Número 2. 1985. Páginas 49-86.

[111]STORK YEPES RICARDO. *Los sentidos del acto en Aristóteles*. Universidad de Navarra. Anuario filosófico. Volumen 25 (Ejemplar dedicado al XXV Aniversario). Nº 3. 1992. Páginas 493-512.

[112]Cfr. STORK YEPES RICARDO. *Los sentidos del acto en Aristóteles*. Universidad de Navarra. Anuario filosófico. Volumen 25 (Ejemplar dedicado al XXV Aniversario). Nº 3. 1992. Páginas 493-512.

[113]Cfr. GARCÍA LÓPEZ JESUS. *Analogía de la noción de acto según Santo Tomás*. Universidad de Navarra. Anuario filosófico. Volumen 6. Nº 1. 1973. Páginas 145-176.

[114]AQUINAS, THOMAS. *Commentary on Aristotle's Physics*. Books III-VIII translated by Pierre H. Conway, O.P. Colege of St. Mary of the Springs, Columbus, Ohio. 1958-1962. Libro III. Lección 2. N. 285. https://isidore.co/aquinas/english/Physics.htm.

[115]DE GARAY SUÁREZ-LLANOS JESUS. *La identidad del acto, según Aristóteles*. Universidad de Navarra. Anuario filosófico. Volumen 18. Número 2. 1985. Páginas 49-86.

[116]Cfr. GARCÍA LÓPEZ JESUS. *Analogía de la noción de acto según Santo Tomás*. Universidad de Navarra. Anuario filosófico. Volumen 6. Nº 1. 1973. Páginas 145-176.

[117]DE AQUINO, SANTO TOMÁS. *Suma de Teología*. Cuarta Edición.

Biblioteca de Autores Cristianos. Madrid. 2001. I, q. 18 a. 3 ad.1.
[118]AQUINAS, THOMAS. *Questiones Disputatae de Veritate: TRUTH.*" Translated by Robert W. Mulligan, S.J. Chicago: Henry Regnery Company, 1952. HTML edition by Joseph Kenny, O.P. Q. 8, a. 6 Resp. *ab initio.*
[119]GARCÍA LÓPEZ JESUS. *Analogía de la noción de acto según Santo Tomás.* Universidad de Navarra. Anuario filosófico. Volumen 6. N° 1. 1973. Páginas 145-176.
[120]DE AQUINO, SANTO TOMÁS. *Suma de Teología.* Cuarta Edición. Biblioteca de Autores Cristianos. Madrid. 2001. I, q.4 a.1 ad.3.
[121]AQUINAS, THOMAS. *Quaestiones disputatae de potentia Dei.* Translated by the English Dominican Fathers Westminster, Maryland: The Newman Press, 1952, reprint of 1932. Html edition by Joseph Kenny, O.P. Q.1 a.1.
https://isidore.co/aquinas/english/QDdePotentia.htm#8:4.
[122]ALVIRA TOMAS. *Significado metafísico del acto y la potencia en la filosofía del ser.* Universidad de Navarra. Anuario filosófico. Volumen 12. Numero 1. 1979. Páginas 9-46. Lo transcripto fue tomado por el autor de MILLÁN PUELLES A. *Fundamentos de filosofía.* Segunda Edición. Rialp. Madrid.1958. Página 447.
[123]DE GARAY SUÁREZ-LLANOS JESUS. *La identidad del acto, según Aristóteles.* Universidad de Navarra. Anuario filosófico. Volumen 18. Número 2. 1985. Páginas 49-86.
[124]Cfr. MANSER GALLUS. *La esencia del Tomismo.* Traducción de la segunda edición alemana. Madrid. 1947. Páginas 90 a 91. Traduzco: *El acto siempre supera a la potencia en lo bueno y en lo malo.*